RICHARD FOCKE

Einige genetische und evolutionistische Besonderheiten polyploider Formen und deren Bedeutung für die Pflanzenzüchtung

WISSENSCHAFTLICHE ABHANDLUNGEN

Nr. 42

EINIGE GENETISCHE UND EVOLUTIONISTISCHE BESONDERHEITEN POLYPLOIDER FORMEN UND DEREN BEDEUTUNG FÜR DIE PFLANZENZÜCHTUNG

von

RICHARD FOCKE

Mit 26 Abbildungen und 44 Tabellen

DEUTSCHE AKADEMIE
DER LANDWIRTSCHAFTSWISSENSCHAFTEN ZU BERLIN

AKADEMIE-VERLAG · BERLIN
1959

Anschrift des Verfassers:

Dr. agr. habil. RICHARD FOCKE

Bernburg/Saale, Mitschurinstr. 22

1959
Herausgegeben von der Deutschen Akademie der Landwirtschaftswissenschaften zu Berlin
Vorgelegt von Herrn Prof. Dr. R. Schick, Groß-Lüsewitz
Erschienen im Akademie-Verlag GmbH, Berlin W 1, Leipziger Straße 3—4

Lizenz-Nr. 202 · 100/678/59
Gesamtherstellung: VEB Druckerei „Thomas Müntzer“ Bad Langensalza
Bestellnummer: 2068/42
Printed in Germany
ES 22 D

INHALTSÜBERSICHT

VORWORT

Dem Pflanzenzüchter, der sich eingehender mit der Polyploidie und ihren züchterischen Möglichkeiten beschäftigen will, sollen mit dieser Schrift einige vererbungstheoretische und evolutionistische Überlegungen, die zweifellos den Erfolg der „Polyploidiezüchtung" beeinflussen können, kritisch und z. T. mit eigenen Versuchen belegt, dargeboten werden. Dabei schien es zweckmäßig, von den allgemein geläufigen Vorgängen an diploiden Pflanzen ausgehend, vergleichende Betrachtungen mit Autopolyploiden anzustellen. Um eine gewisse Geschlossenheit zu erhalten, sind auch bekanntere Fragen der Polyploidie mit eingeflochten.

EINLEITUNG

Unter Zugrundelegung der genetischen und evolutionistischen Verhältnisse diploider Formen sollen die typischen Abweichungen Polyploider herausgearbeitet werden. Ein derartiger Versuch ist von SCHWANITZ unter physiologischen Gesichtspunkten gemacht worden. Für die Pflanzenzüchtung ist aber ein genetisch-evolutionistischer Vergleich von besonderem Interesse, zumal die bisher in der Praxis verwendeten Züchtungsverfahren bei Diploiden mit wesentlich größerer Sicherheit zu einem gewünschten Erfolg führen als bei Polyploiden.

In vorliegender Arbeit sollen daher nach einigen Besonderheiten der Spaltungsverhältnisse tetraploider Pflanzen die in vielfältiger Art beobachteten und errechneten, durch Spaltung, Transgression, Heterozygotie und Genwirkung entstehenden Leistungsverschiebungen besprochen werden, desgleichen Mutationen und Genfrequenzen, die die Leistungsfähigkeit di- und tetraploider Populationen nicht unbeeinflußt lassen und die genetisch gesteuerten Fertilitäts- und Geschlechtsverhältnisse, die auch von diploiden Formen abweichende Verhältnisse zeigen.

Da die Pflanzenzüchtung aber nicht allein eine Anwendung genetischer Erkenntnisse ist, sondern vor allem eine sehr starke Beachtung der Evolutionsvorgänge verlangt, sollen die polyploiden Formen auch in dieser Hinsicht mit diploiden verglichen werden. Ihre natürliche Verbreitung, der Vergleich von artifiziellen mit natürlichen Polyploiden, Untersuchungen über die Stabilität artifiziell autopolyploider Populationen und Veränderungen der Leistungsfähigkeit durch natürliche und menschliche Selektion können bereits einige Aufschlüsse über die Rolle der Polyploidie in der Evolution geben.

Zum Schluß der Arbeit soll am Beispiel der Kleezüchtung gezeigt werden, welche Möglichkeiten sich aus den aufgeworfenen Problemen für die praktische Zuchtarbeit mit Tetraploiden ergeben. In ähnlicher Weise können dann auch für andere Kulturpflanzen züchterische Maßnahmen abgeleitet werden.

I. GENETISCHE BESONDERHEITEN AUTOTETRAPLOIDER FORMEN

1. SPALTUNGSVERHÄLTNISSE

Die theoretische und experimentelle Bearbeitung der Spaltungsverhältnisse begann nach der Auffindung natürlicher, autotetraploider Pflanzen durch cytologische und genetische Untersuchungen (MULLER 1914, zit. nach HALDANE) und der Erzeugung artifizieller autotetraploider Tomaten (WINKLER 1916). In seiner Arbeit: „Theoretical Genetics of Autopoly-

TABELLE 1

Normale Spaltung

nach KAPPERT (verändert)

	Gameten \ Gameten					
I. Simplex-Spaltung Aaaa		3×Aa	3×aa		9×AAaa, 18×Aaaa, 9×aaaa	3:1
	3×Aa	$9\times\frac{AA}{aa}$	$9\times\frac{Aa}{aa}$			
	3×aa	$9\times\frac{Aa}{aa}$	$9\times\frac{aa}{aa}$			
II. Duplex-Spaltung AAaa		1×AA	4×Aa	1×aa	1×AAAA, 8×AAAa, 18×AAaa, 8×Aaaa, 1×aaaa	35:1
	1×AA	$1\times\frac{AA}{AA}$	$4\times\frac{AA}{Aa}$	$1\times\frac{AA}{aa}$		
	4×Aa	$4\times\frac{AA}{Aa}$	$16\times\frac{Aa}{Aa}$	$4\times\frac{Aa}{aa}$		
	1×aa	$1\times\frac{AA}{aa}$	$4\times\frac{Aa}{aa}$	$1\times\frac{aa}{aa}$		
III. Triplex-Spaltung AAAa		3×AA	3×Aa		9×AAAA, 18×AAAa, 9×AAaa, 0×aaaa	∞:1
	3×AA	$9\times\frac{AA}{AA}$	$9\times\frac{AA}{Aa}$			
	3×Aa	$9\times\frac{AA}{Aa}$	$9\times\frac{Aa}{Aa}$			

ploids“ gab HALDANE (1930) zahlreiche Anregungen zur Prüfung von Spaltungsunterschieden zwischen Di- und Autopolyploiden. Ein Jahr später wurden bereits von DE WINTON und HALDANE die Spaltungszahlen der natürlich-tetraploiden *Primula sinensis* veröffentlicht.

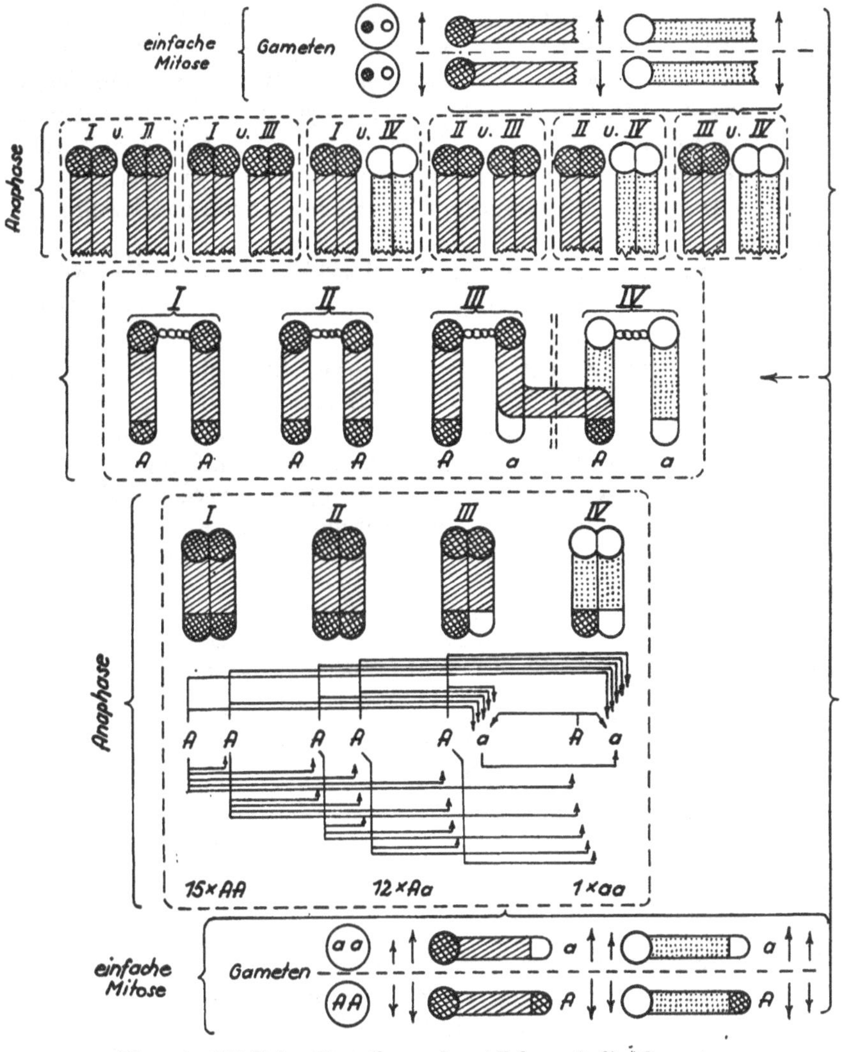

Figur 1. Mögliche Verteilung der Allele auf die Gameten bei normaler Spaltung (oben) und Chromatidenspaltung (unten)

In Tab. 1 sind zunächst die tetraploiden Verhältnisse bei einer normalen Spaltung, d. h. ohne Berücksichtigung jeglicher Faktoren, die eine Veränderung hervorrufen können, wiedergegeben.

Auf Grund der beobachteten, mit einer typischen tetraploiden Spaltung nicht in Einklang zu bringenden Spaltungsverhältnisse wurden zusätzliche, auf cytologischen Befunden basierende, spaltungsbeeinflussende Faktoren angenommen. Es stellte sich bald heraus, daß für das abweichende Verhalten zahlreicher tetraploider Spaltungen der Chromatidenstückaustausch (Chiasmatabildung) während der Reduktionsteilung verantwortlich zu machen ist. Die Höhe des Austauschwertes, der in Abhängigkeit von der Entfernung des Gens vom Centromer steht, entscheidet dabei über die Stärke der Abweichung von der theoretisch zu erwartenden Spaltungszahl. Liegt also das „spaltungsverursachende" Gen nicht unmittelbar am Centromer, so wird die beobachtete Spaltungszahl einen bestimmten, dem Abstand entsprechenden, zwischen einer normalen Spaltung und einer Chromatidenspaltung liegenden Wert haben.

Die vorstehende stark schematisierte Fig. 1 soll im oberen Teil die Verteilung der Allele auf die Gameten bei einer normalen Spaltung, im unteren Teil bei Chromatidenspaltung wiedergeben.

Aus der Zeichnung können die Gameten-Verhältniszahlen einer triplex-Pflanze sowohl für normale als auch für Chromatiden-Spaltung entnommen werden. Der Vollständigkeit halber sollen auch die Gameten-Verhältniszahlen, die von einer duplex-Pflanze mit totaler Chromatiden-Spaltung zu erwarten sind, mit Hilfe eines Kombinationsquadrates abgeleitet werden (Tab. 2). Die Gameten-Verhältniszahlen der normalen Spaltung einer duplex-Pflanze werden der Einfachheit halber hier weggelassen.

TABELLE 2

Chromatiden	A	A	A	A	a	a	a	a	
A	—	AA	AA	AA	Aa	Aa	Aa	Aa	
A	—	—	AA	AA	Aa	Aa	Aa	Aa	Gameten-Verhältniszahlen
A	—	—	—	AA	Aa	Aa	Aa	Aa	
A	—	—	—	—	Aa	Aa	Aa	Aa	
a	—	—	—	—	—	aa	aa	aa	6×AA
a	—	—	—	—	—	—	aa	aa	16×Aa
a	—	—	—	—	—	—	—	aa	6×aa
a	—	—	—	—	—	—	—	—	

Nachdem für normale Spaltung die zahlenmäßige Verteilung der Allele auf die Genotypen bereits gegeben wurde (S. 2), ist noch eine derartige Aufstellung für Chromatidenspaltung erforderlich (Tab. 3).

Wie bereits gesagt, entscheidet also erst die Häufigkeit des Chromatiden-Stückaustausches darüber, ob beispielsweise ein duplexer Genotyp mehr nach einem 35:1- oder 20,8:1-Verhältnis spalten wird. Zudem kann das Spaltungsverhältnis auch noch durch einen Selektionsvorteil bestimmter Gameten verändert werden. Es ist deshalb durchaus möglich, daß eine Pflanze mit unbekannter Ploidiestufe, die im Spaltungsexperiment eine 20,8:1-Spaltung

TABELLE 3

Vollständiger Austausch mit „Chromatidenspaltung"

I. simplex-Spaltung		1×AA	12×Aa	15×aa		
	1×AA	AA 1× AA	AA 12× Aa	AA 15× aa		
	12×Aa	AA 12× Aa	Aa 144× Aa	Aa 180× aa	1×AAAA 24×AAAa 174×AAaa 360×Aaaa 225×aaaa	2,5 : 1
	15×aa	AA 15× aa	Aa 180× aa	aa 225× aa		
II. duplex-Spaltung		6×AA	16×Aa	6×aa		
	6×AA	AA 36× AA	AA 96× Aa	AA 36× aa		
	16×Aa	AA 96× Aa	Aa 256× Aa	Aa 96× aa	36×AAAA 192×AAAa 328×AAaa 192×Aaaa 36×aaaa	20,8 : 1
	6×aa	AA 36× aa	Aa 96× aa	aa 36× aa		
III. triplex-Spaltung		15×AA	12×Aa	1×aa		
	15×AA	AA 225× AA	AA 180× Aa	AA 15× aa		
	12×Aa	AA 180× Aa	Aa 144× Aa	Aa 12× aa	225×AAAA 360×AAAa 174×AAaa 24×Aaaa 1×aaaa	783 : 1
	1×aa	AA 15× aa	Aa 12× aa	aa 1× aa		

zeigt, als diploid angesprochen wird, obgleich sie tetraploid ist, weil das Verhältnis 20,8:1 näher an 15:1 als an 35:1 liegt.

Um aus den gewonnenen Spaltungsverhältnissen verkehrte Schlußfolgerungen zu vermeiden, hat KAPPERT (1957) ein Berechnungsverfahren entwickelt, mit dessen Hilfe man Auskunft über die notwendige Größe einer Spaltungspopulation erhalten kann, um mit einiger Sicherheit etwas über die genetische Konstitution des elterlichen Genotyps aussagen zu können.

Wie groß die Zahl der Individuen innerhalb einer Spaltungspopulation sein muß, um beispielsweise mit 99%-iger Sicherheit einen Genotyp einstufen zu können, ist aus der Tab. 4 zu ersehen.

Daß die Spaltungsverhältnisse zwischen einer normalen und einer Chromatiden-Spaltung liegen können, trägt auch wesentlich zur Lösung der Frage nach der Unterscheidbarkeit natürlicher autopolyploider Formen von natürlichen allopolyploiden bei. In vielen Fällen kann zwar allein auf Grund cytologischer Beobachtungen entschieden werden, ob Auto- oder Allopolyploidie vorliegt, jedoch nicht immer. Auf die Abweichungen haben SRB und OWEN (1952) hingewiesen. Auch bei der kultivierten Kartoffel kann nicht allein durch cytologische Untersuchungen festgestellt werden, ob sie auto-

TABELLE 4

Tabellen zur Bestimmung der notwendigen Populationsgröße, die das Auftreten eines mit der Häufigkeit „b" vorkommenden Typus mit einer bestimmten Wahrscheinlichkeit „W" gewährleistet

(nach KAPPERT verändert)

W = 99%

b	*n*	*b*	*n*
0,05%	9208,2	5,0%	89,8
0,1 %	4603,0	6,0%	74,4
0,2 %	2300,2	7,0%	63,5
0,3 %	1532,8	8,0%	55,2
0,4 %	1149,0	9,0%	48,8
0,5 %	915,7	10,0%	43,7
0,6 %	765,2	20,0%	20,6
0,7 %	655,7	30,0%	12,9
0,8 %	573,4	40,0%	9,0
0,9 %	509,4	50,0%	6,6
1,0 %	458,2	60,0%	5,0
2,0 %	227,9	70,0%	3,8
3,0 %	151,2	80,0%	2,9
4,0 %	112,8	90,0%	2,0
5,0 %	89,8		

b = angenommene Häufigkeit des gesuchten Typus in %
n = notwendige Individuenzahl

oder allopolyploid ist (STEBBINS 1950). Nach den Angaben von SWAMINATHAN und HOWARD (1953) wurde vor 1930 für *Solanum tuberosum* vorwiegend eine diploide Vererbung der Merkmale angenommen. Nun hat sich — zum Teil auf Grund der Beobachtungen an der Chromatidenspaltung — die Ansicht durchgesetzt, daß die bei uns kultivierte Kartoffel autopolyploid ist. LUNDEN (1937) gelang es, an einem größeren Material überzeugend nachzuweisen, daß die Vererbung der Blütenfarbe der Kartoffel auf tetraploider Basis beruht. Von BRAUN (1938) wurden ähnliche Prüfungen zur Frage der Krebs- und Schorfresistenz der Kartoffel durchgeführt, die jedoch keine eindeutige Klärung gaben. 1953 konnte an *Solanum andigenum* und Bastarden aus *Solanum andigenum* × *Solanum tuberosum* durch TOXOPEUS eine tetraploide Spaltung der Vererbung der Nematodenresistenz nachgewiesen werden.

Aus neuerer Zeit sind zahlreiche Angaben über Spaltungsanalysen auch an anderen Objekten bekannt geworden. BRIX und QUADT (1953) konnten beim Knaulgras (*Dactylis glomerata*) eine tetrasome Vererbung von Genen, die eine unterschiedliche Färbung der Pflanzen verursachen, nachweisen. Die in artifiziellen Autotetraploiden von *Arabidopsis thaliana* (Ackerschmalwand) spontan aufgetretene Mutante „chlorina" wurde von WRICKE (1955) spaltungsanalytisch untersucht. Eine Prüfung des Erbganges beim Gartenstiefmütterchen (*Viola tricolor maxima*) durch HORN (1956) ergab in 11 verschiedenen Selbstungs- und Kreuzungsnachkommenschaften für 5 nicht gekoppelte Gene ebenfalls eine tetrasome Vererbung.

Sind die Merkmale nicht monogen (wie in den vorangegangenen Tab.), sondern polygen bedingt und ist die Wirkung der einzelnen Gene selbständig voneinander, werden noch größere Spaltungsunterschiede zwischen Di- und Tetraploiden vorhanden sein.

Der diploiden 15:1-Spaltung, die bei der Vererbung der Fruchtform des Hirtentäschelkrautes beobachtet worden ist (vgl. KAPPERT 1953, S. 31), würde im Falle einer tetraploiden Vererbung z. B. eine 1295:1-Spaltung entsprechen, wenn völlige Dominanz eines Genes vorausgesetzt wird (Tab. 5. u. 6).

TABELLE 5

Diploide Spaltung

Gameten	CD	Cd	cD	cd
C < D = CD	CD CD	CD Cd	CD cD	CD cd
C < d = Cd	CD Cd	Cd Cd	CD cd	Cd cd
c < D = cD	CD cD	CD cd	cD cD	cD cd
c < d = cd	CD cd	Cd cd	cD cd	cd cd

15:1

Für die Vererbungsverhältnisse polygener Merkmale, deren Phänotypus auf dem Zusammenwirken unselbständiger Gene beruht, sei als Beispiel (Tab. 7 u. 8) das Verhalten von *Linaria maroccana* in Aufspaltungen herangezogen (vgl. KAPPERT 1953, S. 51).

Die Wirkungsweise der Gene sei wie folgt:

Gen A = alkalische Zellsaftreaktion,
Allel a = normale Zellsaftreaktion,
Gen F = rote Farbe ausbildend,
Allel f = keine Farbe ausbildend,
Gen A = verwandelt die rote Farbe in blaue.

TABELLE 6

Tetraploide Spaltung

Gameten		1× CCDD	4× CCDd	1× CCdd	4× CcDD	16× CcDd	4× Ccdd	1× ccDD	4× ccDd	1× ccdd
1×CC	1×DD = 1×CCDD									
	4×Dd = 4×CCDd									
	1×dd = 1×CCdd									
4×Cc	1×DD = 4×CcDD									
	4×Dd = 16×CcDd									
	1×dd = 4×Ccdd									
1×cc	1×DD = 1×ccDD									
	4×Dd = 4×ccDd									
	1×dd = 1×ccdd									ccdd ccdd

TABELLE 7

Diploide Spaltung

P rotblühend × weißblühend
FFaa ffAA
blau
FfAa

F₁ Gameten \ Gameten	FA	Fa	fA	fa	
FA	FA FA	FA Fa	FA fA	FA fa	
Fa	FA Fa	Fa Fa	FA fa	Fa fa	blau:rot:weiß 9 : 3 : 4
fA	FA fA	FA fa	fA fA	fA fa	
fa	FA fa	Fa fa	fA fa	fa fa	

Im tetraploiden Zustand würden unter gleichen Voraussetzungen folgende Spaltungsverhältnisse zu erwarten sein (siehe Tabelle 8, S. 9):

Erst der dihybride, tetraploide Genotyp Ffff Aaaa würde nach Selbstung eine Spaltungspopulation von blau-, rot- und weißblühenden Pflanzen im Verhältnis 9:3:4 liefern.

Einer diploiden 9:7-Spaltung würde auf tetraploider Basis ein Zahlenverhältnis von 1225:71 = 17,3:1 entsprechen.

TABELLE 8

Tetraploide Spaltung

F_1 = FF ff AA aa

Gameten \ Gameten		1 FFAA	4 FFAa	1 FFaa	4 FfAA	16 FfAa	4 Ffaa	1 ffAA	4 ffAa	1 ffaa
1×FF	1×AA = 1 FFAA									
	4×Aa = 4 FFAa									
	1×aa = 1 FFaa			rot			rot			rot
4×Ff	1×AA = 4 FfAA									
	4×Aa = 16 FfAa									
	1×aa = 4 Ffaa			rot			rot			rot
1×ff	1×AA = 1 ffAA							weiß	weiß	weiß
	4×Aa = 4 ffAa							weiß	weiß	weiß
	1×aa = 1 ffaa			rot			rot	weiß	weiß	weiß

blau:rot:weiß
1225:35 :36
35: 1 : 1,03

Mit Hilfe der bereits am Anfang gebrachten Tabellen für normale und Chromatiden-Spaltung läßt sich die Höhe des Austauschwertes und in gewisser Weise auch die ungefähre, prozentuale Entfernung des merkmalsbeeinflussenden Gens vom Centromer bestimmen.

MATHER (1936) und SANSOME (1933) haben ihre Berechnungen unter Berücksichtigung der möglichen Abweichungen durchgeführt. In einfacher Weise können nach SANSOME die cross-over-Werte aus den Spaltungsergebnissen dadurch abgeleitet werden, daß die Gametenverhältniszahlen einer normalen Spaltung zu denen einer Chromatidenspaltung in Beziehung gesetzt werden.

Von den Gametensorten einer geselbsteten duplex-Pflanze wären beispielsweise folgende Extremwerte zu erwarten:

ohne Chromatidenspaltung	mit Chromatidenspaltung
1×AA	6×AA
4×Aa	16×Aa
1×aa	6×aa

Zwischen diesen beiden Extremwerten können von dem duplexen Genotyp hinsichtlich der gebildeten Gameten-Verhältnisse sämtliche Übergänge erwartet werden. Die völlige Chromatiden-Spaltung einer duplexen Pflanze würde rechnerisch

$$1\times AA + (5\times AA) = 6\times AA,$$
$$4\times Aa + (12\times Aa) = 16\times Aa,$$
$$1\times aa + (5\times aa) = 6\times aa\text{-Gameten ergeben.}$$

Das Spaltungsverhältnis betrüge dann:

	6 AA	16 Aa	6 aa	
1 AA + (1×5 AA)	36 AAAA	96 AAAa	36 AAaa	
4 Aa + (1×12 Aa)	96 AAAa	256 AAaa	96 Aaaa	20,8:1
1 aa + (1×5 aa)	36 AAaa	96 Aaaa	36 aaaa	

Dagegen würden die Gametenverhältnisse einer normalen duplex-Spaltung folgendermaßen aussehen, wenn sie als algebraische Summen von normaler und Chromatiden-Spaltung ausgedrückt werden. Der in nachstehenden algebraischen Summen als Multiplikand vorkommende Faktor weist in diesem Fall den Wert 0 auf.

	1 AA	4 Aa	1 aa	
1 AA + (0×5 AA)	1 AAAA	4 AAAa	1 AAaa	
4 Aa + (0×12 Aa)	4 AAAa	16 AAaa	4 Aaaaa	35:1
1 aa + (0×5 aa)	1 AAaa	4 Aaaa	1 aaaa	

Von geselbsteten simplex-Pflanzen können in gleicher Weise folgende Zahlenwerte für die Gametensorten und herausspaltenden Genotypen erhalten werden:

ohne Chromatiden-spaltung	mit Chromatiden-spaltung
	1×AA
3×Aa	12×Aa
3×aa	15×aa

Beispiele	mit Chromatidenspaltung	AA	12 Aa	15 aa	
	1. 0 AA + (1×1 AA) AA				
	3 Aa + (1×9 Aa) 12 Aa				2,5:1
	3 aa + (1×12 aa) 15 aa				
	ohne Chromatidenspaltung		3 Aa	3 aa	
	2. 0 AA + (0×1 AA)				
	3 Aa + (0×9 Aa) 3 Aa				3:1
	3 aa + (0×12 aa) 3 aa				

Weist der in den vorstehenden algebraischen Summen als Multiplikand vorkommende Faktor irgend einen Wert zwischen 0 und 1 auf, so ist mit einer Chromatidenspaltung zu rechnen. Wird dieser Wert halbiert, so erhält man die ungefähre Höhe des cross-over-Wertes. Das Spaltungsverhältnis von 20,8:1 (Faktor = 1) würde demnach einem cross-over-Wert von 0,5 entsprechen. Umgekehrt würde ein cross-over-Wert von 0,2 bei einer duplex-Pflanze folgendes Gameten-Verhältnis ergeben:

1 AA + (0,4×5 AA)	3 AA:8,8 Aa:3 aa
4 Aa + (0,4×12 Aa)	210,04:9
1 aa + (0,4×5 aa)	= 23,3:1

MATHER weist jedoch bereits 1936 darauf hin, daß dies nur ein Näherungswert ist, der den cytologischen Gegebenheiten nicht vollständig Rechnung trägt.

Es konnte weiter gezeigt werden, daß außer der Chromatidenspaltung die Bildung konkurrenzfähiger Gameten mit einem überzähligen oder fehlenden Chromosom einen Einfluß auf die zu erwartenden Spaltungsverhältnisse hat. Von CATCHESIDE (1956) sind tetraploide Pflanzen zweier verschiedener Maispopulationen hinsichtlich ihrer Chromosomenzahlen und -formen geprüft worden. Aus der nachstehenden Tab. 9 geht hervor, daß einzelne tetraploide Pflanzen in bestimmten Chromosomen tri- oder pentasom sind.

TABELLE 9

Representation of the ten different chromosomes (I to X) in progeny of tetraploid maize

von CATCHESIDE

(a) 74 unsheeted progeny of 40 chromosome plants

Chromosomes per plant	I	II	III	IV	V	VI	VII	VIII	IX	X	totals
3	—	1	4	2	—	3	1	2	—	—	13
4	73	71	69	70	73	71	73	71	70	73	714
5	1	2	1	2	1	—	—	1	4	1	13

(b) 27 su — I progeny from triplex×nulliplex

Chromosomes per plant	I	II	III	IV	V	VI	VII	VIII	IX	X	totals omitting IV
3	—	1	1	9	1	2	2	—	3	1	11
4	27	25	26	18	26	25	25	25	23	25	227
5	—	1	—	—	—	—	—	2	1	1	5

Die Trisomen können die heterozygoten Genotypen AAa und Aaa liefern, die Pentasomen dagegen AAAAa, AAAaa, AAaaa und Aaaaa. Eine Verschiebung der Spaltungsverhältnisse wird nicht ausbleiben, wenn die Gameten von solchen Tri- und Pentasomen zur Befruchtung gelangen.

2. LEISTUNGSVERHÄLTNISSE

a) dominante und rezessive Gene

Ein großer Teil der aus einer Population herausspaltenden Merkmale beeinflußt die durchschnittliche Leistungsfähigkeit derselben. Selbst monogene Spaltungen bestimmter Blütenfarben bleiben in vielen Fällen auf die Wüchsigkeit bzw. Widerstandsfähigkeit gegen Witterungsbedingungen und Schädlingsbefall nicht ohne Einfluß.

Ist zum Beispiel von den beiden zu einer Kreuzung verwendeten Eltern der dominante der leistungsfähigere, so wird die Durchschnittsleistung der tetraploiden F_2-Population prozentual über der der diploiden liegen, hingegen darunter, wenn der rezessive Elter der leistungsfähigere ist. Voraussetzung dabei ist allerdings, daß keine Verschiebung in der Genwirkung eintritt. Zahlenmäßig würde dieser Vorgang folgendermaßen aussehen:

Diploide Spaltung	**Tetraploide Spaltung**
Leistungswert der Gene	Leistungswert der Gene
dominant = 2	dominant = 2
rezessiv = 1	rezessiv = 1
F_2 = 3:1	F_2 = 35:1
Lw = 2 + 1	Lw = 2 + 1
= 6 + 1 = 7/4 = 1,75	= 70 + 1 = 71/36 = 1,97
	bei Chromatidenspaltg. = 1,95
dominant = 1	dominant = 1
rezessiv = 2	rezessiv = 2
F_2 = 3:1	F_2 = 35:1
LW = 1 + 2	Lw = 1 + 2
= 3 + 2 = 5/4 = 1,25	= 35 + 2 = 37/36 = 1,03
	bei Chromatidenspaltung = 1,05

Der Leistungsunterschied, der zwischen einer normalen 4n- und einer Chromatiden-Spaltung entsteht, beträgt beispielsweise unter Berücksichtigung nur eines Merkmals ca. 1% (1,97:1,95).

Durch unterschiedliche Spaltungsverhältnisse bedingte Leistungsdifferenzen können auch zwischen einer tetraploiden 3:1-(simplex) und einer 35:1-(duplex) Spaltung beobachtet werden. Fig. 1 stellt die Häufigkeitsverteilung von Blattbreitenmessungen je einer geselbsteten simplex- und duplex-*Antirrhinum*-Pflanze der Kreuzung normal×*graminifolia* dar.

Aus den in Fig. 2 eingetragenen Werten werden auch die besonderen Selektionsschwierigkeiten einer 35:1-Spaltung ersichtlich. Soll beispielsweise auf reinerbige Genotypen mit schmalen Blättern (*graminifolia*-Typ) selektiert werden, so wird es bei der „3:1-Spaltungspopulation" auf Grund des deutlichen zweigipfeligen Kurvenverlaufes relativ leicht sein, eine homozygote Elitepflanze mit den gewünschten Merkmalen zu selektieren. Dagegen wird in einer „35:1-Spaltungspopulation" das aus nur 4 Pflanzen (119:4) bestehende „*graminifolia*"-Teilkollektiv sehr stark durch die Streuung der 119 „nicht-graminifolia"-Pflanzen überdeckt.

Im geschilderten Beispiel handelt es sich um ein modifikativ wenig beeinflußbares Selektionsmerkmal. Die Eingruppierung der Phänotypen zu bestimmten Genotypen bereitet daher — von einigen wenigen Ausnahmen abgesehen — keine größeren Schwierigkeiten. Bei ertragsbeeinflussenden Merkmalen, die modifikativ stärker reagieren, wird ein Spaltungsverhältnis von 35:1 eine wirksame Selektion beinahe unmöglich machen.

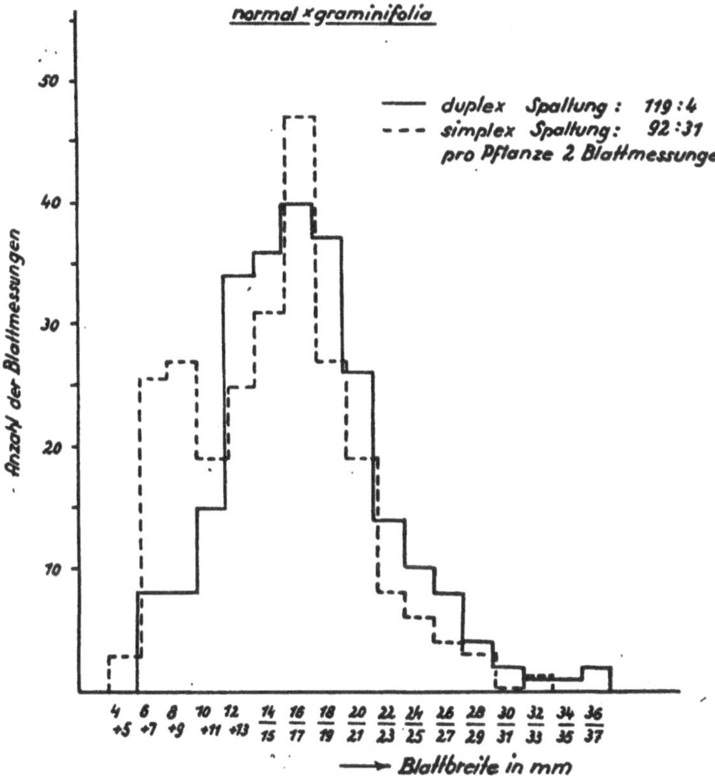

Figur 2.

Die hier an monohybriden Spaltungen gezeigten unterschiedlichen Leistungsverhältnisse von Di- und Tetraploiden sind in ähnlicher Weise auch zwischen Di- und Polyhybriden zu erwarten. Jedoch kann die Auffindung eines in zwei Leistungsmerkmalen rezessiven, homozygoten, tetraploiden Genotyps — bedingt durch die stark verschobenen Zahlenverhältnisse — beträchtliche Schwierigkeiten bereiten (Spaltung 1295:1).

b) *Transgression*

Die Stärke der Ausbildung züchterisch wichtiger Merkmale (z. B. Winterfestigkeit, Frühreife, Stärke der Färbung und Längenwachstum) ist oft eine Folge des additiven Zusammenwirkens mehrerer frei kombinierbarer Gene.

Die Häufigkeit, mit der ein erwünschter Genotyp auftritt, ist aber zwischen diploid und tetraploid spaltenden Pflanzen nicht gleich. Im Folgenden sei auf die zu erwartenden Zahlenverhältnisse etwas näher eingegangen. Der Einfachheit halber wird angenommen, daß es sich sowohl bei Diploiden als auch bei Tetraploiden um 2 polymere Faktorenpaare AABB bzw. AAAABBBB handelt. Die jeweiligen Eltern besitzen einen polymeren, homozygoten Faktor, z. B. AAbb oder aaBB bzw. AAAAbbbb oder aaaaBBBB.

Ein polymeres Faktorenpaar soll bei Diploiden im heterozygoten Zustand die Wuchshöhe von 10 cm, im homozygoten von 20 cm bedingen, z. B.

$$AA = 20 \text{ cm}, \quad Aa = 10 \text{ cm}, \quad aa = 0 \text{ cm}.$$

TABELLE 10

Wuchshöhe in cm	Häufigkeit der F_2 Genotypen in %		Genotypen
	2 n	4 n	
40	6,25		AABB; = 1/16
		0,08	AAAABBBB; = 1/1296
35		1,23	AAAaBBBB; AAAABBBb;
30	25,00		AABb; AaBB.
		7,72	AAAaBBBb; AAAABBbb; AAaaBBBB;
25		23,46	AAAaBBbb; AaaaBBBB; AAAABbbb; AAaaBBBb;
20	37,50		AaBb; AAbb; aaBB;
		35,03	AAAaBbbb; AaaaBBBb; AAAAbbbb; AAaaBBbb; aaaaBBBB;
15		23,46	AAaaBbbb; aaaaBBBb AAAabbbb; AaaaBBbb;
10	25,00		Aabb; aaBb;
		7,72	AaaaBbbb; AAaabbbb; aaaaBBbb;
5		1,23	aaaaBbbb; Aaaabbbb;
0	6,25		aabb; = 1/16
		0,08	aaaabbbb; = 1/1296

Bei Tetraploiden soll ein polymeres Faktorenpaar im homo- und heterozygoten Zustand folgende Wuchshöhe bedingen:
AAAA = 20 cm, AAAa = 15 cm, AAaa = 10 cm, Aaaa = 5 cm, aaaa = 0 cm. Ausdrücklich betont sei, daß es sich hier nicht um die noch zu besprechende Gendosiswirkung handelt, denn der diploide Genotyp Aa, der die Wuchshöhe von 10 cm bedingt, wird durch die Genomverdoppelung (AAaa) nicht plötzlich 20 cm Wuchshöhe verursachen, nur weil das polymere Gen doppelt vorhanden ist. In der Tab. 10 ist ein Vergleich zwischen di- und tetraploiden F_2-Populationen gezogen, aus dem die Häufigkeit der Genotypen für bestimmte Wuchshöhen hervorgeht. Geschieht dasselbe bei Vorhandensein dreier polymerer Faktorenpaare, so erhalten wir die in Fig. 3 wiedergegebenen Prozente.

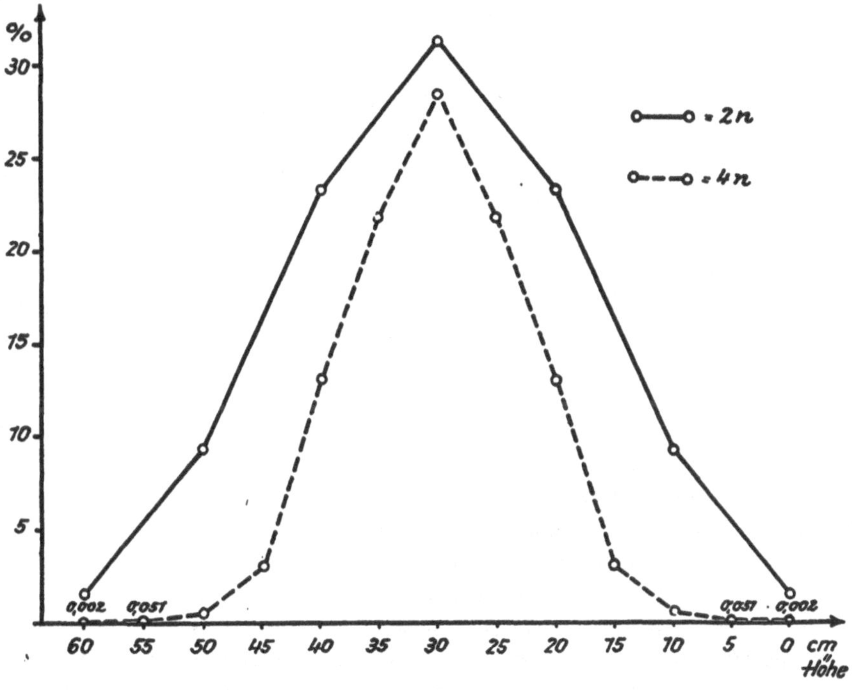

Figur 3.

Aus Tabelle und Figur geht also hervor, daß eine Transgressionszüchtung bei Autotetraploiden noch wesentlich schwieriger ist als bei Diploiden, weil die Häufigkeit, mit der überdurchschnittlich leistungsfähige Pflanzen gefunden werden, geringer ist.

Zudem darf nicht vergessen werden, daß jeder erblich bedingte Wert durch fördernde bzw. hemmende Außenbedingungen modifizierend beeinflußt wird. Zwischen einem reinen Genotyp und einer in drei polymeren Faktorenpaaren spaltenden tetraploiden F_2 wird nur noch ein geringer Unterschied in der Streuung der Einzelwerte um ihren Mittelwert vorhanden sein.

c) Homo- und Heterozygotie

Ein bestimmter Heterozygotiegrad der Individuen einer Population gibt häufig den Ausschlag für die Wuchsleistung derselben. Durch einen hohen Heterozygotiegrad wird im allgemeinen die Wüchsigkeit gesteigert, durch stärkere Homozygotie vermindert. Übertrifft der Bastard in der Leistung den besseren seiner beiden Eltern, so spricht man von einer Heterosis.

GOWEN (1952) ist es zu verdanken, daß durch sein Buch „Heterosis" der derzeitige Stand dieses Forschungszweiges umfassend dargelegt und besprochen worden ist. Der Entstehung des Heterosisphänomens sind verschiedene Theorien zugrunde gelegt worden, auf die vor einem Leistungsvergleich diploider mit tetraploiden Spaltungspopulationen noch eingegangen werden soll.

Um in historischer Reihenfolge vorzugehen, sei zunächst die Heterozygotiehypothese von SHULL (1914, 1948, 1952) angeführt. Genannter Autor versucht, die Wachstumsunterschiede, die nach Inzucht und nach Kreuzungen von Inzuchtpflanzen auftreten, mit dem heterozygoten Zustand der Gene zu erklären. Er führt den Begriff „Heterosis" für eine erhöhte Wuchsleistung in der F_1 ein und macht also den heterozygoten Zustand der Gene für das Auftreten einer solchen verantwortlich (1940 gelang es dann STUBBE und PIRSCHLE und anderen (vgl. STUBBE 1953) durch den Nachweis einer monogen bedingten Heterosis, die SHULL'sche Hypothese zu bestätigen).

Wenn jedoch einzig und allein der heterozygote Zustand der Allele über das Ausmaß der Inzuchtdepression entscheiden würde, müßte die Depressionskurve der verschiedenen Inzuchtlinien annähernd gleich verlaufen, zudem müßte jede F_1, die aus Inzuchtlinien entstanden ist, einen Heterosiseffekt hervorbringen. Das ist aber in der Praxis nicht der Fall.

Die SHULLsche Heterozygotiehypothese reicht demnach zur restlosen Klärung des Heterosisphänomens nicht aus. Der eben genannte Fall, also Kreuzung verschiedener Inzuchtlinien ohne starke Heterosiseffekte der Bastarde, findet durch eine andere, von JONES (1917) aufgestellte Hypothese, die sogen. Dominanz-Koppelungshypothese eine Erklärung. JONES macht die Kombination dominanter Leistungsgene für das Auftreten eines Heterosiseffektes verantwortlich. Demnach tritt ein solcher also nur auf, wenn bestimmte dominante Leistungsgene gepaart sind. JONES (1957) weist darauf hin, daß in vielen Fällen die durch die vermeintliche Heterozygotie des dominanten und rezessiven Allels verursachte Heterosis zusätzlich auf Unterschieden nicht alleler Gene beruhen kann.

Auf mendelistischer Grundlage versuchen KEEBLE (1910) und später KAPPERT (1930) durch die Annahme eines Zusammenwirkens von Haupt- und Komplementärgenen das Inzucht-Heterosisproblem zu erklären.

NILSSON (1937) kommt auf Grund langjähriger Untersuchungen am Roggen zu dem Ergebnis, daß mit der Zunahme einer Gleichartigkeit des Plasmas Inzuchterscheinungen verbunden sind. GLUSTSCHENKOs (1950)

Vorstellungen über das Zustandekommen von Heterosiseffekten sind ähnlich denen von NILSSON. Die von letztgenanntem Autor am Roggen erzeugte Heterosis wird allerdings von der Kappertschülerin KRÜGER (1947) mit Hilfe von dominanten Leistungsgenen erklärt.

Umbauten und Veränderungen in der Chromosomenarchitektur, die vor allem bei Inzuchten auftreten, können nach den Untersuchungen von MÜNTZING (1945) für einen Teil der Inzuchtdepressionen verantwortlich gemacht werden (Strukturheterozygotie). DOBZHANSKY kann dann 1950 für die Heterosiserscheinungen an *Drosophila*-Populationen strukturelle Änderungen der Chromosomen nachweisen. Zum Beispiel konnte an Inversionsheterozygoten, bei denen das herausgebrochene Segment nach Drehung um 180° wieder in den Chromosomenverband eingebaut wird, ein Heterosiseffekt beobachtet werden.

Auf Grund neuerer Untersuchungen haben einige der klassischen Hypothesen z. B. durch MATHER (1949) eine weitere Ergänzung erfahren. Von ihm wird der Begriff der Superdominanz (auch als over-dominanz bezeichnet) für bestimmte Heterosiserscheinungen eingeführt. In den letzten Jahren ist aber auch dieser Begriff noch weiterentwickelt und in 3 Gruppen eingeteilt worden.

In der ersten Gruppe werden die Fälle der Entstehung eines Heterosiseffektes zusammengefaßt, bei denen nachweislich die Leistungssteigerung allein auf dem Vorhandensein einer günstigen Gendosis beruht. Das heißt, man nimmt an, daß die dominanten Gene je nachdem, ob sie in der simplexen, duplexen, triplexen oder quadriplexen Dosis vorkommen, einen unterschiedlichen Wirkungsgrad besitzen. Sowohl der Dominanz im JONESschen Sinne als auch dem rezessiven Allel wird hier keine Bedeutung beigemessen. Ein experimenteller Nachweis dieses Spezialfalles der Superdominanz ist jedoch recht schwierig, weil er nur gemeinsam mit einzelnen Polyploidiestufen geführt werden kann. Um die Wirkung des rezessiven Allels völlig auszuschalten, muß z. B. ein haploider Organismus mit einem diploiden bzw. ein tri- mit einem tetraploiden hinsichtlich der Leistungsfähigkeit eines bestimmten Genortes verglichen werden. WRICKE (1955) führte einen derartigen Vergleich an Tri- und Tetraploiden der Ackerschmalwand (*Arabidopsis thaliana*) durch und konnte zeigen, daß die durch das dominante Allel produzierte Farbmenge in der triplexen Dosis größer als in der quadriplexen ist. Die hinsichtlich des Farbgens homozygoten Triploiden zeigen ebenfalls eine stärkere Farbausbildung als die homozygoten Tetraploiden. Da, wie bereits betont, ein Nachweis der Gendosiswirkung nur sehr schwierig ist, liegen außer den Arbeiten von WRICKE und SEYFFERT (1957) meines Wissens keine weiteren in dieser Richtung vor. Die Hypothese der Gendosiswirkung bedarf somit noch einer gründlicheren Beweisführung, um ihr eine gewisse Bedeutung zusprechen zu können.

Als 2. Gruppe des Begriffes der Superdominanz ist die unabhängige Wirkung der beiden Allele, sowohl des dominanten als auch des rezessiven, in Richtung einer bestimmten Leistung zu verstehen. Diese Art der Heterosis ist demnach weitgehend mit der von SHULL postulierten Hypothese identisch. Es wird lediglich der Leistung des einzelnen Allels mehr Aufmerksamkeit geschenkt. So konnte z. B. HIORTH (1940) an *Godetia* zeigen, daß in der F_1 ein Basal- und ein Spreitenfleck durch die beiden Allele entsteht, während die Eltern einen Basal- oder Spreitenfleck auf den Blütenblättern besitzen.

Die 3. Möglichkeit eines Heterosiseffektes innerhalb der Superdominanz besteht in dem Zusammenwirken der beiden Allele, wodurch ein neues Merkmal bzw. ein neues Stoffwechselprodukt zusätzlich gebildet wird. Im F_1-Bastard kann dann neben den alleleigenen Produkten des mütterlichen und väterlichen Alleles ein weiteres Stoffwechselprodukt nachgewiesen werden, das nicht mit den beiden elterlichen identisch ist.

Durch die Berücksichtigung der Epistasie erfährt das Heterosisproblem noch eine Erweiterung. So ist es beispielsweise möglich, daß der heterozygote Zustand eines homologen Chromosomenpaares $\frac{A \quad b}{a \quad B}$ (bzw. einiger seiner Genorte, z. B. $\frac{b}{B}$) erst in Kombination mit Genorten anderer, nicht homologer Chromosomenpaare einen wachstumsfördernden Effekt verursacht. Der epistatische Heterosiseffekt kann auf dem Zusammenwirken zweier oder mehrerer heterozygoter und homozygoter Genorte nicht homologer Chromosomenpaare beruhen, z. B.

$$\boxed{\frac{b}{B}}\ \boxed{\frac{F}{f}}\ \boxed{\frac{H}{H}}\ \boxed{\frac{R}{r}}\ \boxed{\frac{t}{t}}\,.$$

Die epistatische Heterosiswirkung für Diploide ermittelt man, indem man von der vierfachen Leistung der F_2 die doppelte Leistung der F_1 und die elterliche Leistung von P_1 und P_2 subtrahiert $(4 \times F_2 - 2 \times F_1 - (P_1 + P_2))$. Ist der hieraus erhaltene Wert negativ, addieren sich Heterozygotieeffekt und epistatischer Heterosiseffekt; ist der Wert ± 0, ist keine epistatische Heterosiswirkung vorhanden; ist der Wert positiv, so ist es unwahrscheinlich, daß ein maximaler Heterozygotiegrad einen maximalen epistatischen Heterosiseffekt verursacht. Die entsprechende Formel zur Ermittlung des epistatischen Heterosiseffektes für Tetraploide sieht folgendermaßen aus:

$36 \times F_2 - 18 \times F_1 - 8 \times$ triplex-Genotyp $- 8 \times$ simpelx-Genotyp $- (P_1 + P_2)$.

Aus den Ausführungen ist also ersichtlich, daß die Erscheinung der Heterosis nach dem bisher vorliegenden Material nicht auf eine einzige Ursache zurückgeführt werden kann.

Im folgenden sollen nun die durch Homo- bzw. Heterozygotie hervorgerufenen Leistungen di- und tetraploider Spaltungspopulationen anhand einiger Zahlenbeispiele erläutert werden. Zunächst sollen einfache di- und tetraploide Spaltungspopulationen, die ein dominantes, Leistungsüberlegenheit hervorrufendes Merkmal besitzen, verglichen werden, darauf solche, deren heterozygote Pflanzen gegenüber den homozygoten eine Leistungsüberlegenheit besitzen (Tab. 11 u. 12).

Für die diploide Population wird folgender Leistungswert der Genotypen angenommen:

$$AA = 2;\ Aa = 2 \text{ und } aa = 1,$$

für die tetraploide:

$$AAAA \text{ bis } Aaaa = 2 \text{ und } aaaa = 1.$$

Bei der Berechnung des Leistungsabfalles ist berücksichtigt worden, daß ein Genotyp mit geringerem Leistungswert auch entsprechend weniger Nachkommen hervorbringt (z. B. bringen die Genotypen Aa mit dem Leistungswert 2 doppelt soviel Nachkommen hervor wie die Genotypen aa mit dem Leistungswert 1).

TABELLE 11

Leistungsbeeinflussende Wirkung dominanter Gene

	2 n	4 n	Chromatiden-spaltung
Spalte	a	b	c
abs.	2	2	2
F_1 %	100%	100%	100%
% von 2n	100%	100%	100%
abs.	1,75	1,97	1,95
I_1 %	87,50%	98,60%	97,70%
% von 2n	100%	112,68%	111,66%
abs.	1,71	1,91	1,88
I_2 %	85,70%	95,75%	94,25%
% von 2 n	100%	111,73%	109,98%

Aus der Spalte a der Tab. 11 geht hervor, daß bei der Betrachtung eines dominanten Merkmals der Leistungswert 2 der diploiden F_1 in der I_1 auf 1,75, in der I_2 auf 1,71 fällt. Von der F_1 zur I_2 ist demnach ein Abfall von 14,30% zu beobachten.

Im tetraploiden Fall (Spalte b) sinkt der in der F_1 vorhandene Leistungswert 2 auf 1,97 in der I_1 und auf 1,91 in der I_2. Das entspricht einem prozentualen Leistungsabfall von der F_1 zur I_2 von 4,25%.

Durch die Chromatidenspaltung ist der Leistungsabfall etwas stärker. Er beträgt von der F_1 zur I_2 5,75% (Spalte c). Die tetraploide Population würde demnach gegenüber der Diploiden in der I_1 eine Leistungsüberlegenheit von 12,68% (100:112,68) besitzen, in der I_2 von 11,73%. Unter Berücksichtigung der Chromatidenspaltung betragen die Werte dann in der I_1 11,66% und in der I_2 9,98% (dritte Zeile der F_1, I_1 und I_2).

Verursachen nun im anderen Fall nur die Heterozygoten eine gesteigerte Leistung, so fällt — ersichtlich aus Spalte d der Tab. 12 — der Leistungswert 2 der diploiden F_1 auf 1,5 in der I_1 und auf 1,33 in der I_2. Das entspricht einem 33,50%igen Gesamtabfall von der F_1 zur I_2.

TABELLE 12

Leistungsbeeinflussende Wirkung heterozygoter Allele

	2n	4n	Chromatiden spaltung
Spalte	d	e	f
abs.	2	2	2
F_1 %	100%	100%	100%
% von 2n	100%	100%	100%
	1,50	1,94	1,90
I_1	75,00%	97,00%	95,40%
% von 2n	100%	129,33%	127,20%
	1,33	1,83	1,76
I_2	66,50%	91,50%	88,20%
% von 2n	100%	137,59%	132,63%

Der Leistungsabfall ist bei den Tetraploiden geringer (Spalte e). In der I_1 wird ein Leistungswert von 1,94% und in der I_2 ein solcher von 1,83% erreicht.

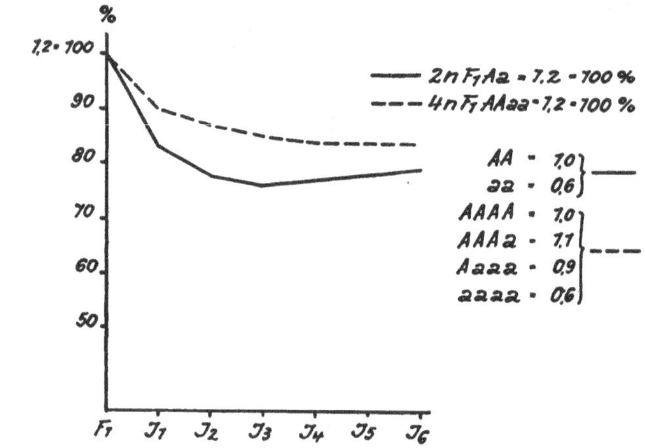

Figur 4.

Das entspricht einer Leistungsüberlegenheit gegenüber der diploiden Inzuchtgeneration von 29,33% in der I_1, von 37,59% in der I_2. Bei Chromatidenspaltung beträgt die Leistungsüberlegenheit in der I_1 nur 27,20%, in der I_2 nur 32,63% (Spalte f).

Die zwei vorangegangenen Tabellen zeigen auch, welchen Einfluß die Chromatidenspaltung auf dominante und durch Heterozygotie bedingte Leistungswerte ausübt. In den nachstehenden Figuren 4—10 soll versucht werden, den Leistungswert der Population unter der Voraussetzung zu ermitteln, daß normale Spaltung vorliegt (2n 1:2:1 4n 1:8:18:8:1) und die Genotypen folgende Leistungen hervorbringen:

	Diploid			Tetraploid				
Figur	AA	Aa*)	aa	AAAA	AAAa	AAaa*)	Aaaa	aaaa
4	1,0	1,2	0,6	1,0	1,1	1,2	0,9	0,6
5	1,0	1,2	0,6	1,0	1,1	1,2	0,7	0,6
6	0,9	1,3	0,9	0,9	1,1	1,3	1,1	0,9
7	0,5	1,3	0,5	0,5	1,0	1,3	1,0	0,5
8	1,0	1,0	0,7	1,3	1,1	1,0	0,9	0,7
9	1,0	1,0	0,7	1,3	1,1	1,0	1,0	0,7
10	1,0	1,0	0,8	1,1	1,2	1,0	0,9	0,8

*) Als Ausgangswert ist die jeweilige F_1-Population AAaa bzw. Aa gewählt worden.

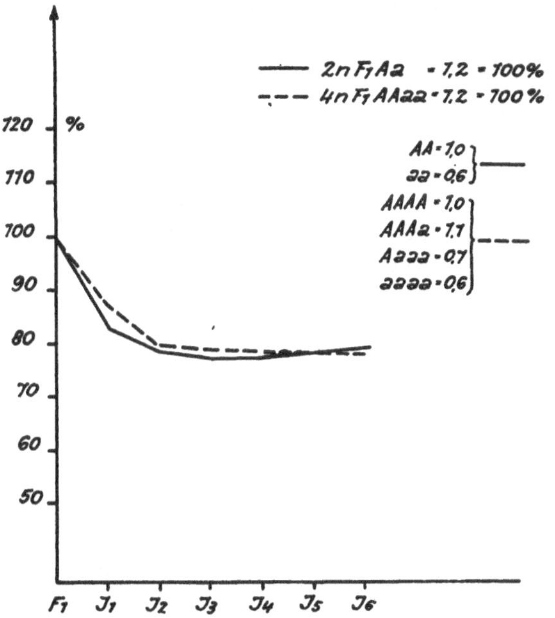

Figur 5.

Der Kurvenverlauf innerhalb der Figuren ist erwartungsgemäß sehr unterschiedlich. Die gewählten Leistungswerte der Genotypen in den jeweiligen Beispielen dürften im Prinzip einen großen Teil der möglichen, bei genetischen Untersuchungen auftretenden Fälle berücksichtigen.

Nicht selten werden innerhalb eines Chromosoms Gene mit leistungsfördernder und leistungshemmender Wirkung vorhanden sein. Besitzt z. B. der eine der beiden zur Kreuzung verwandten Eltern die leistungshemmenden Gene $a_1a_1a_1a_1$ = (Leistungswert 0,6) gekoppelt mit den leistungsfördernden

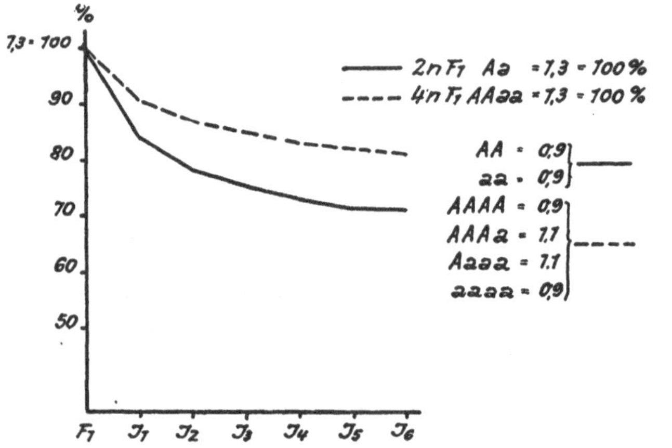

Figur 6.

$A_4A_4A_4A_4$ = (Leistungswert 1,3), der andere Elter gekoppelt die Gene $A_1A_1A_1A_1$ = (Leistungswert 1,0) und $a_4a_4a_4a_4$ = (Leistungswert 0,7), so wird die F_1 den Leistungswert von 1,8 hervorbringen, wenn additive Genwirkung vorausgesetzt wird (Fig. 11).

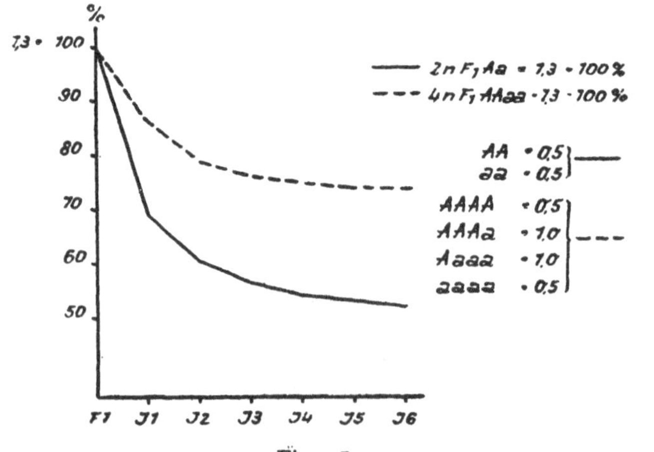

Figur 7.

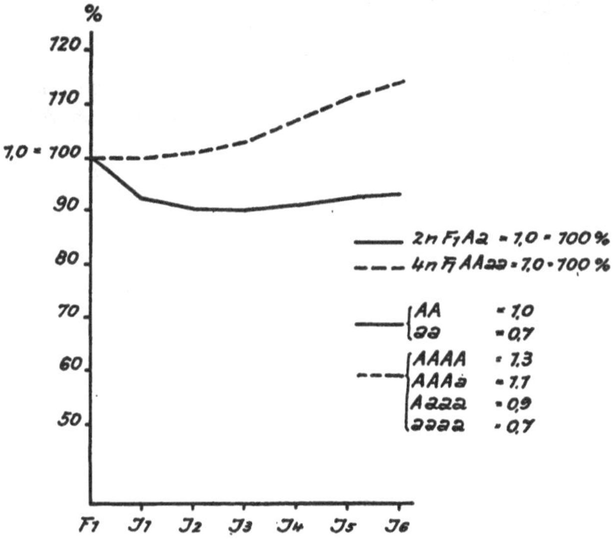

Figur 8.

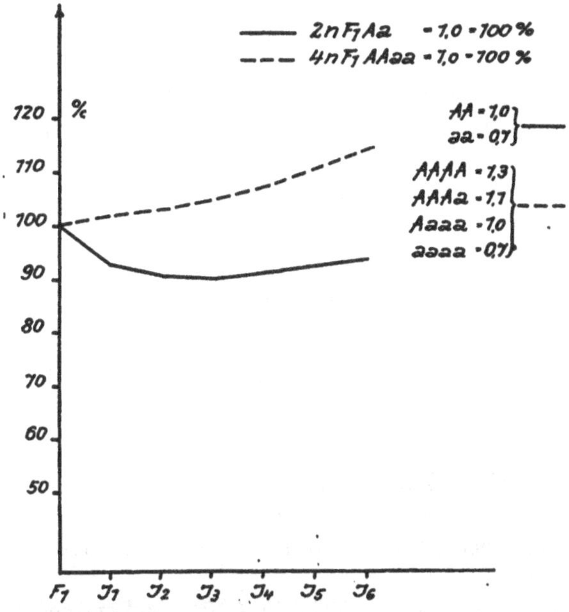

Figur 9.

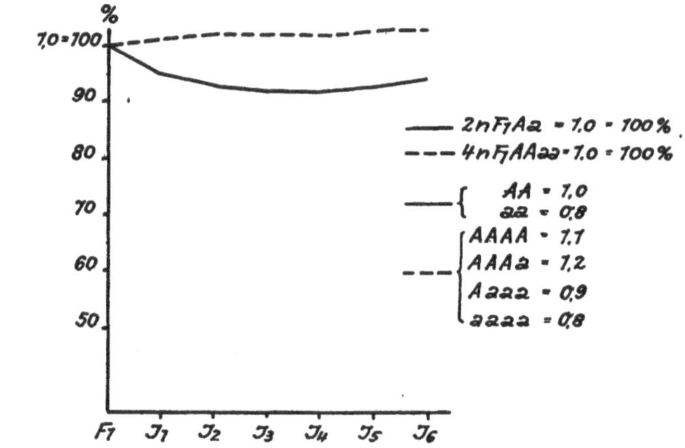

Figur 10.

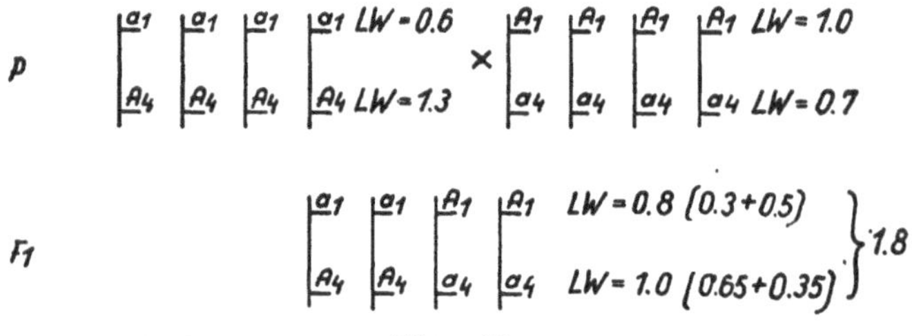

Figur 11.

Die F_2-Spaltungspopulation wird aber unter der Annahme, daß zwischen den Genen a_1 und A_4 ein cross-over stattfindet und die beiden homologen Chromosomen die Gene A_4A_1 bzw. a_4a_1 besitzen, Pflanzen hervorbringen, die in ihrer Leistung sehr unterschiedlich sind. Es besteht auf diese Weise die Möglichkeit, u. a. nachfolgende Kombination zu erhalten:

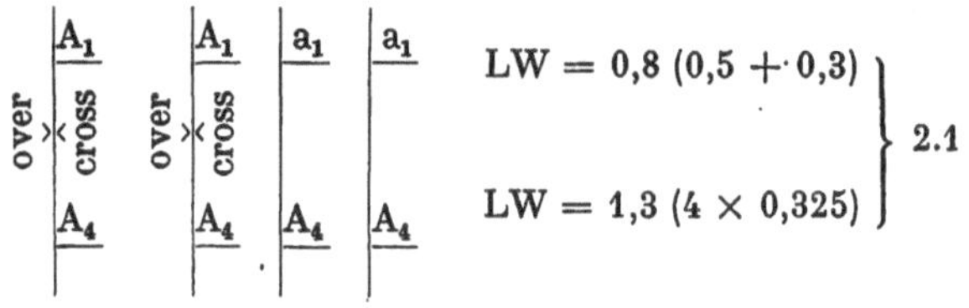

Es soll damit gezeigt werden, daß durch den Chromatidenstückaustausch die Höhe des Leistungswertes des ursprünglichen Genotyps in späteren Spaltungsgenerationen noch zusätzlich beachtliche Steigerungen bzw. Verminderungen erfahren kann.

Nach Untersuchungen von DOWRICK (1956) und eigenen Beobachtungen kann man darauf schließen, daß bei artifiziellen Tetraploiden Brüche enger

Genkoppelungen relativ häufiger auftreten. Die Tetraploidie kann daher auch dort von Bedeutung sein, wo es darum geht, Koppelungsbrüche systematisch zu nutzen.

In dem Vorangegangenen wurde auf Grund bekannter Leistungsfähigkeit einzelner monohybrider Genotypen eine Aussage über die durchschnittliche Wüchsigkeit einer ganzen Population gemacht. Anschließend dürfte die Frage interessieren, in welcher Häufigkeit in einer Spaltungspopulation überdurchschnittlich leistungsfähige, in mehreren Genen heterozygote Genotypen zu erwarten sind. Diese Häufigkeit soll anhand von 2 Züchtungsmethoden erläutert werden.

Als Beispiel soll die kultivierte Kartoffel dienen, weil gerade sie einen sehr geringen Prozentsatz wirklich brauchbarer Genotypen in einer Spaltungspopulation besitzt. Auch bei anderen Kulturpflanzen spielt die Auffindung und vegetative Vermehrung besonders leistungsfähiger Genotypen eine wichtige Rolle. Es sei auf die in dieser Richtung liegenden Arbeiten von KUSMIN und SCHUWASCHINA (1955) über die Bedeutung artifiziell polyploider, vegetativ vermehrbarer Beerensträucher wie Stachel- und Johannisbeere hingewiesen.

Die Kombination bestimmter elterlicher Merkmale besitzt in der Kartoffelzüchtung zweifellos eine große Bedeutung. Es ist dabei aber nicht gleichgültig, welcher züchterische Weg eingeschlagen wird, um möglichst rationell aus vorhandenen Genotypen durch Kombination einen neuen, leistungsfähigeren Genotyp zu züchten.

Die grundsätzliche Frage, ob das zur Verfügung stehende heterozygote Ausgangsmaterial erst eine Inzuchtgeneration durchmachen muß, um damit die in der Sorte vorhandenen Eigenschaften besser sichtbar zu machen, oder ob jegliche Inzucht vermieden werden soll, um das Material so stark wie möglich heterozygot zu halten, ist wohl dahingehend zu beantworten, daß die Pflanzenart und deren züchterisch besonders interessierende Merkmale den Ausschlag geben. Es ist durchaus vorstellbar, daß von 2 zur Kreuzung zu verwendenden Sorten neben einer Reihe wichtiger Merkmale, die im Bastard vereinigt werden sollen, eine wegen des dominanten Merkmals, das in der neuen Sorte wieder erwünscht ist (z. B. Nematodenresistenz), besonders interessiert. In den folgenden Überlegungen werden lediglich viele solcher Einzelmerkmale, die sonst auf die beiden Kreuzungspartner verteilt sind, in einer Sorte vereinigt. Für die Nematodenresistenz trifft es ja zweifellos noch zu, daß sie nur durch ein Gen gesteuert wird, und es wird noch eine ganze Anzahl Merkmale geben, die auf nur ein Gen zurückgeführt werden können.

Im allgemeinen gehen die Bemühungen dahin, möglichst viele wirtschaftlich wertvolle Gene in einem Genotyp zu vereinen, so daß vor allem bei den dominanten Genen wohl sehr selten mit einer triplexen oder gar homozygoten Form hinsichtlich eines bestimmten Genortes zu rechnen ist. In einer fertigen Sorte werden bisweilen die wertvollsten Resistenzgene in der Gendosis „simplex“ vorkommen, weil das für den Züchter wertvolle Merkmal des einen Elter, der vielleicht hinsichtlich dieses Genortes ein duplex-Typ ist, mit einem anderen Elter gekreuzt wird, der dieses wertvolle Merkmal nicht hat und demzufolge hinsichtlich des genannten Genortes einen nulliplex-Typ darstellt. Unter der Annahme einer völligen Chromatiden-Spaltung besteht jedoch immerhin die Möglichkeit, auch aus einer Kreuzung „simplex×nulliplex" einen duplexen Genotyp zu erhalten (1/783). Es dürfte praktisch unmöglich sein, mit Hilfe der Kombinationszüchtung einen Genotyp zu erzeugen, der die Nematoden-, Krebs- und Phytophthorabiotypen-Resistenz homozygot besitzt. Bei polygen bedingten Eigenschaften wird hinsichtlich der Gendosis ein ähnliches Verhältnis wie bei monohybrid-spaltenden Merkmalen vorliegen, nur sind polygene Merkmale durch eine Spaltungsanalyse schwieriger zu erfassen. Es sei hier jedoch bereits bemerkt, daß es bei einem dominanten Merkmal in leistungsmäßiger Hinsicht nicht immer gleich ist, ob die Resistenz durch den simplex- oder triplex-Genotyp hervorgerufen wird. Darauf wird später noch einzugehen sein.

Es soll nun versucht werden, die bereits gestellte Frage nach der Zweckmäßigkeit bzw. Unzweckmäßigkeit der Einschiebung einer Selbstungsgeneration vor der Kreuzung der gewählten Partner für die Kartoffel unter Beibehaltung der oben vorausgesetzten Annahme zu beantworten.

Folgende Forderungen werden gestellt:

Die Sorte A besitzt die dominanten Merkmale A, B, C, D und E und die rezessiven v bis z. Die genotypische Konstitution ist für A simplex, für B duplex, für C und D triplex und für E quadriplex. Der andere Kreuzungspartner, also die Sorte B, besitzt die rezessiven Merkmale a bis e und die dominanten V bis Z. Die Gendosis soll von V nach Z fallen. A und a etc. sollen jeweils ein Allelpaar sein. Völlige Chromatidenspaltung der Merkmale ist angenommen.

Zunächst soll der theoretische Wert festgestellt werden, der bei sofortiger Kreuzung der Sorte A×B angibt, in welchem Verhältnis eine Kombination des duplexen Genotyps AAaaBBbbCCccDDddEEee ... vvVVwwWWxxXX yyYYzzZZ auftreten wird. (Beispiel I der Fig. 12). Der theoretische Wert beträgt:

$$\frac{28}{784} \cdot \frac{168}{784} \cdot \frac{420}{784} \cdot \frac{420}{784} \cdot \frac{784}{784} \cdot \frac{784}{784} \cdot \frac{420}{784} \cdot \frac{420}{784} \cdot \frac{168}{784} \cdot \frac{28}{784} = \text{ca. } 0{,}000005 \text{ oder}$$

5 Pflanzen von 1 Mill.

Bei Verwendung von 10(8) frei spaltenden Merkmalen kommen wir, zumindest was die Zahl anbetrifft, den praktischen Verhältnissen bereits sehr nahe. Dadurch soll aber keineswegs zum Ausdruck gebracht werden, daß die in der Praxis erhaltenen Ergebnisse mit diesem Zahlenspiel identisch verlaufen.

Verfolgen wir nun den zweiten Weg, ziehen von jeder dieser beiden Sorten zunächst eine Selbstungsgeneration und lesen unter diesen beiden Populationen jene Pflanzen aus, die die wertvollen Merkmale in der 4-fachen Dosis

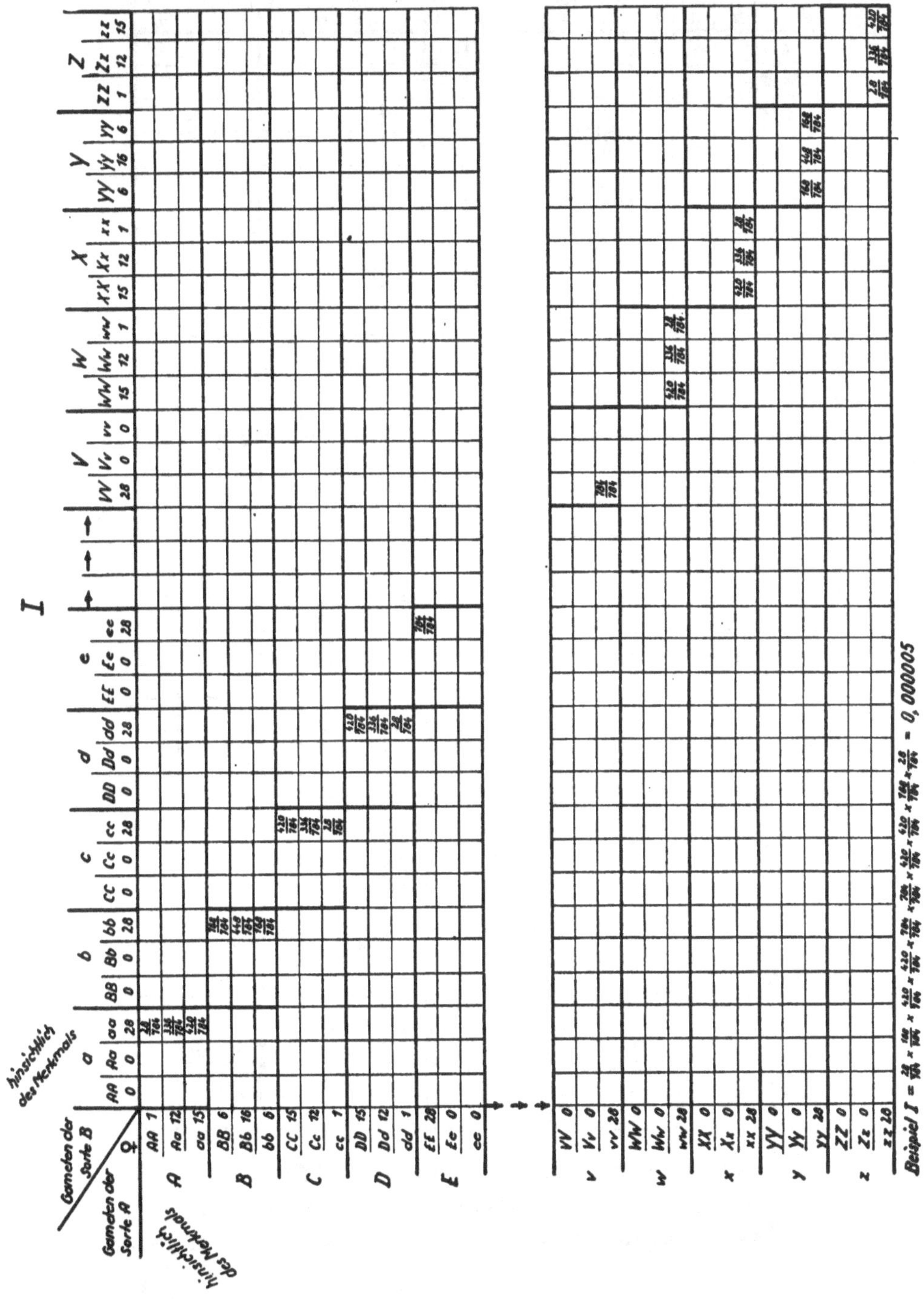
I
Gameten der Sorte A
Gameten der Sorte B
hinsichtlich des Merkmals
hinsichtlich des Merkmals

Figur 12.

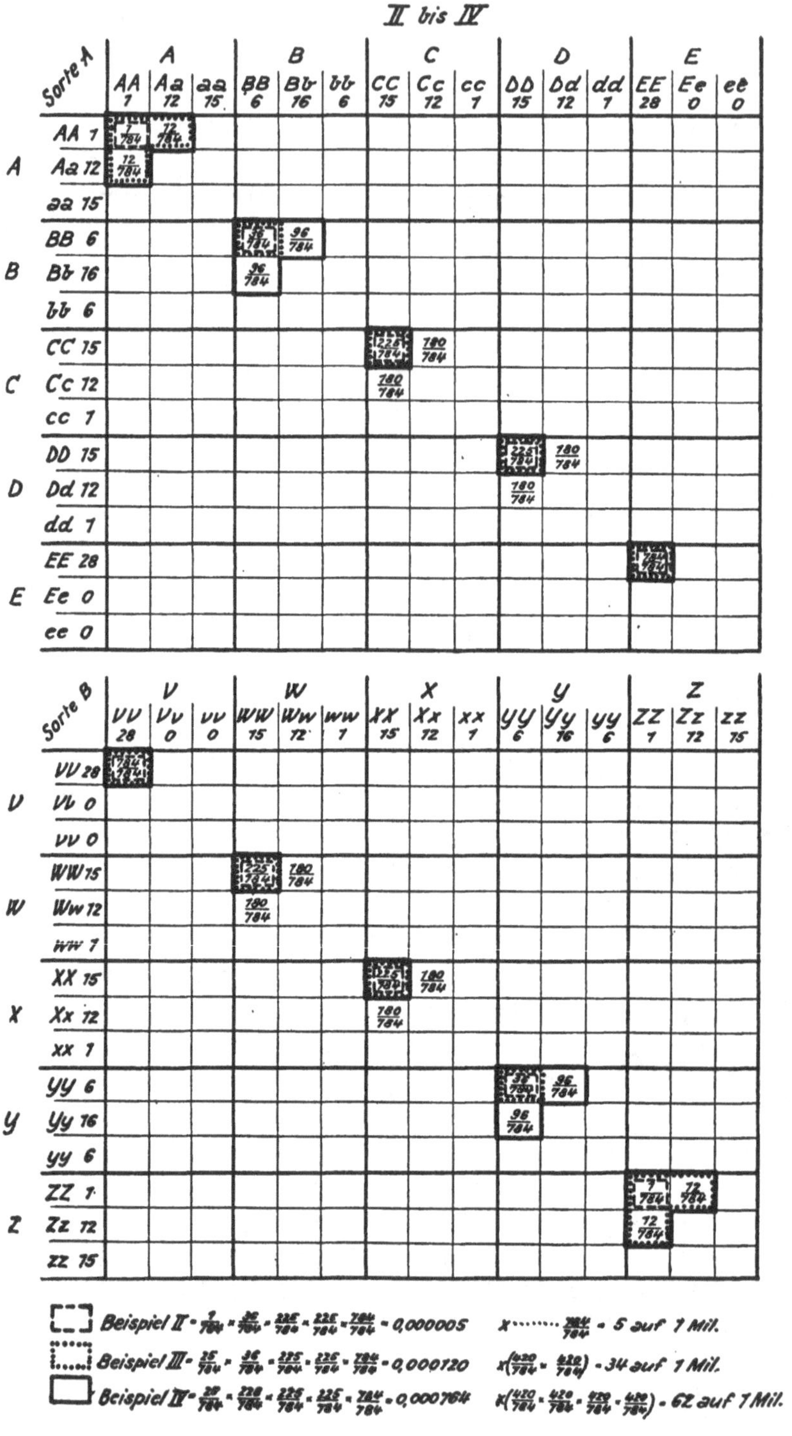

II bis IV
Sorte A
A B C D E
Sorte B
V W X Y Z
Beispiel II = 0,000005
Beispiel III = 0,000120
Beispiel IV = 0,000764
5 auf 1 Mil.
34 auf 1 Mil.
62 auf 1 Mil.

Figur 13.

besitzen. Die Wahrscheinlichkeit, daß sich eine Pflanze, die der Anforderung entspricht, in folgendem Verhältnis in der Population A findet, ist (Beispiel II der Fig. 13 s. S. 28).

$$\frac{1}{784} \cdot \frac{36}{784} \cdot \frac{225}{784} \cdot \frac{225}{784} \cdot \frac{284}{784} = 0{,}000005 \text{ oder fünf von 1 Mill. Pflanzen.}$$

Für die Population B ergibt sich der gleiche Wert.

In den beiden Populationen A und B (zusammen 2 Mill. Pflanzen) würden sich 2×5 Pflanzen befinden, deren Kreuzungsnachkommen der aus sofortiger Sortenkreuzung hervorgegangenen Pflanze in ihrer genotypischen Konstitution gleichen. In beiden Fällen werden annähernd gleich viel Sämlinge angezogen werden müssen, um zum gewünschten Genotyp zu gelangen. Außerdem wird bei dieser extremen Auslese in den Selbstungspopulationen hinsichtlich des Arbeitsaufwandes keine Verbesserung erreicht, so daß die Selbstungsgeneration in dieser extremen Form nur einen Umweg darstellt.

Anders liegen die Verhältnisse, wenn in den Selbstungsgenerationen der beiden elterlichen Sorten A und B nicht nach Pflanzen gesucht wird, die in allen 5 Merkmalen A bis E bzw. V bis Z eine homozygote (quadriplexe) genetische Konstitution aufweisen, sondern nach solchen, die in den Merkmalen A bis Z neben der quadriplexen auch die triplexe Konstitution (AAAa bzw. ZZZz) besitzen. Dann steigt der Anteil der Genotypen, der für eine nachfolgende Kreuzung Verwendung finden kann, in beiden Selbstungspopulationen erheblich an. Unter dieser schwachen Selektion würden in den beiden I_1-Populationen bereits je 120 Pflanzen pro Million hinsichtlich des Gens A bzw. Z triplexe mit quadriplexen und in den übrigen Genen nur quadriplexe Konstitutionen haben (Beispiel III der Fig. 13). Eine Nachkommenschaft, die aus der Kreuzung zweier, nach derartigen Gesichtspunkten selektionierten Pflanzen hervorgeht, wird aber nur zum Teil die geforderten, in jedem Genort duplexen Genotypen hervorbringen, weil die triplexen (z. B. AAAa) lediglich 15/28 Gameten des Genotyps AA liefern. Es muß also in der F_1 aus den beiden Inzuchtpopulationen noch einmal eine Selektion auf duplexe Genotypen durchgeführt werden. Die Ausbeute an duplexen Genotypen betrüge dann rund 28% [triplex × nulliplex = 420/784 (Merkmal A) × 420/784 (Merkmal Z) = 10/35 = 28%].

In Beispiel IV erreichen sogar 62 Pflanzen den gewünschten Genotyp. Hinsichtlich der Sämlingsanzucht würde demnach eine 6- bis 12fache Einsparung erzielt werden. Es ist allerdings zu berücksichtigen, daß durch Einschieben einer Selbstungsgeneration ein größerer Arbeitsaufwand entsteht.

Die Herausstellung der züchterischen Vorteile durch Einschaltung einer Selbstungsgeneration verliert an Bedeutung, wenn sich die Leistungsfähigkeit einiger Merkmale nicht auf das Vorhandensein bestimmter Gene zurückführen läßt, sondern auf die Heterozygotie der Gene an sich.

Von STUBBE und PIRSCHLE ist eine derartige, durch Heterozygotie hervorgerufene Heterosis bei Antirrhinum majus (Sippe 50 × Mutante spectabilis) nachgewiesen worden.

Beruht die hohe Leistungsfähigkeit einer Kartoffelsorte vorwiegend auf einem solchen heterozygoten Zusammenwirken von Allelen, die im homozygoten Zustand hinsichtlich ihrer Leistungsfähigkeit bedeutungslos sind, wird nicht die Selbstungsanalyse, sondern lediglich der Kreuzungstest darüber entscheiden, ob diese Sorte als Kreuzungspartner eine Bedeutung besitzt oder nicht.

Häufig werden nun die leistungsbeeinflussenden Faktoren — Kombination der Gene, Heterozygotie der Allele und dominante, gekoppelte Gene — zusammen in einer Art vorkommen. Das Einschieben einer Selbstungsgeneration wird hier aber nur dann von Erfolg sein, wenn in der Mehrzahl dominant, additiv oder rezessiv wirkende Gene hinsichtlich der Merkmalsbildung vorhanden sind. Der Züchter sollte aus diesen Überlegungen heraus nicht einfach den einen oder anderen Weg gehen, sondern in seinem Zuchtschema je nach der Fragestellung beide Möglichkeiten berücksichtigen.

In vielen Fällen interessiert aber die durchschnittliche Leistungsfähigkeit der ganzen Population mehr als die eines einzelnen Genotyps. Da vor allem die Heterozygoten eine gute Leistungsfähigkeit bedingen, wird man bestrebt sein, den Anteil heterozygoter Genotypen in der Population möglichst hoch zu halten. Im ersten Abschnitt konnte bereits gezeigt werden, daß bei einer monohybriden, tetraploiden Aufspaltung der Anteil der Heterozygoten wesentlich höher liegt, als bei einer gleichartigen diploiden. Sind die heterozygoten Genotypen nun leistungsfähiger, so ist eine Überlegenheit der tetraploiden Spaltungspopulation gegenüber der vergleichbaren diploiden zu erwarten.

Angaben über die Leistungsfähigkeit von genetisch vergleichbaren di- und tetraploiden Spaltungspopulationen sind sehr spärlich, weil die notwendige Voraussetzung, der Besitz gleicher, leistungsfördernder bzw. -hemmender Gene, nur in den seltensten Fällen vorhanden sein wird. Die durch die Colchicin-Behandlung im Wachstum geschwächte tetraploide Generation (C_0-Generation) scheidet für einen Leistungsvergleich mit den entsprechenden Diploiden von vornherein aus. Ist außerdem die Fertilität der 4n-C_0-Individuen sehr gering, fehlt die für einen Vergleich mit diploiden Pflanzen notwendige Anzahl. Bereits mehrere Generationen hindurch vermehrte artifizielle tetraploide Pflanzen werden aber in ihrem Erbwert dem diploiden Ausgangsmaterial nicht mehr entsprechen, weil die damit im Zusammenhang stehenden Selektionsvorgänge von leistungsfördernden und -hemmenden Genen zwischen Di- und Tetraploiden anders verlaufen. Ein Leistungsvergleich würde dadurch von vornherein mit Fehlern behaftet sein. LUNDQVIST (1953) hat auf Grund von Berechnungen bereits darauf hinweisen können. Seine am Roggen durchgeführten vergleichenden Inzuchtversuche bringen daher auch hinsichtlich der Leistungsdepression unterschiedliche Ergebnisse. Auch PLARRE (1954) zeigt, daß die nach Inzucht auftretende — auf die jeweiligen Diploiden bezogene —

Depressionskurve bei dem Hohenthurmer tetraploiden Roggenmaterial im Vergleich zum Schwedischen 4n-Stahlroggen einen steileren Abfall aufweist. Zu den schon genannten Schwierigkeiten kommt noch hinzu, daß die tetraploiden Nachkommenschaften einiger Pflanzenarten in stärkerem Umfange wieder Diploide hervorbringen. KLOEN und SPECKMANN (1953/54) weisen nach, daß sich die Nachkommenschaften tetraploider C_0-Pflanzen durchschnittlich aus 52,6% 4n-, 45,6% 3n- und 1,9% 2n-Pflanzen zusammensetzen. Selbst bei gewissenhafter Kontrolle jeder einzelnen tetraploiden Rübe konnten in der 4n C_2-Generation noch 6,7 bis 12% nicht tetraploide Pflanzen beobachtet werden. Auch tetraploide Roggenpopulationen enthalten häufig beträchtliche Mengen nicht tetraploider Pflanzen (MÜNTZING 1951). Die genannten Pflanzenarten müssen demnach für einen Di-Tetraploiden-Vergleich ausscheiden.

Die eben besprochenen Versuchsbeeinträchtigungen wirken sich anscheinend bei *Antirrhinum majus* nicht ganz so störend aus. Anhand einer graphischen Darstellung soll der Leistungswert einer diploiden und vergleichbaren tetraploiden F_2-*Antirrhinum*-Population und zugleich deren Variationsbreite wiedergegeben werden (Fig. 14). Da die F_1-Pflanzen von *Antirrhinum* im allgemeinen eine bessere Samenproduktion aufweisen als die elterlichen Mutanten, wurden zur Colchicin-Behandlung Kreuzungssamen verwendet. Auf solche Weise gelangten die diploide und die tetraploide F_2-Spaltungspopulation zur Auswertung.

Die dargestellten F_2-Populationen sind Kreuzungen der Mutanten A8×lata. Die rotblühende, durch normal lange Blätter und einen runden Stengel gekennzeichnete Mutante A 8 ist dominant. Die durchschnittlichen Blattlängen betragen im Reinanbau: 37,0 mm bei der 2n Mutante A8, 33,7 mm bei 2n lata, 43,1 mm bei der F_1 aus beiden Mutanten. Vergleicht man die Blattlängen der rein angebauten diploiden *lata*-Pflanzen mit denen der aus der 2n-F_2 der Kreuzung herausspaltenden, so ist eine geringe Abweichung festzustellen (33,7:35,9 mm), obgleich die Entwicklung sämtlicher Prüfnummern unter einheitlichen Bedingungen verlief.

Diese Abweichungen können im wesentlichen auf die Wirkung zweier Faktoren zurückgeführt werden. Erstens besteht, da es sich um eine dihybride Aufspaltung handelt, die Möglichkeit einer pleiotropen, wuchsfördernden Wirkung des dominanten Blütenfarbstoff-Gens, zweitens besteht die Möglichkeit der Änderung einiger Merkmale durch den Genotypen-Mischbestand selbst. In neuerer Zeit wird von mehreren Autoren (DEKAPRILEWITSCH 1953; GUSTAFSSON 1953; LYSSENKO 1951; SAKAI 1955) auf die Tatsache hingewiesen, daß die Genotypen je nach der Art des genotypischen Milieus, in dem sie aufwachsen, mit verschiedener Wuchsleistung reagieren können. So bedeutungsvoll dieses Problem auch für die Pflanzenzüchtung ist (vgl. SUNESON 1956), soll nicht näher darauf eingegangen werden, weil es für Diploide und Tetraploide in gleicher Weise zutrifft. Zusätzlich können noch Gesichtspunkte wie sie JONES 1957 anführt eine Rolle spielen.

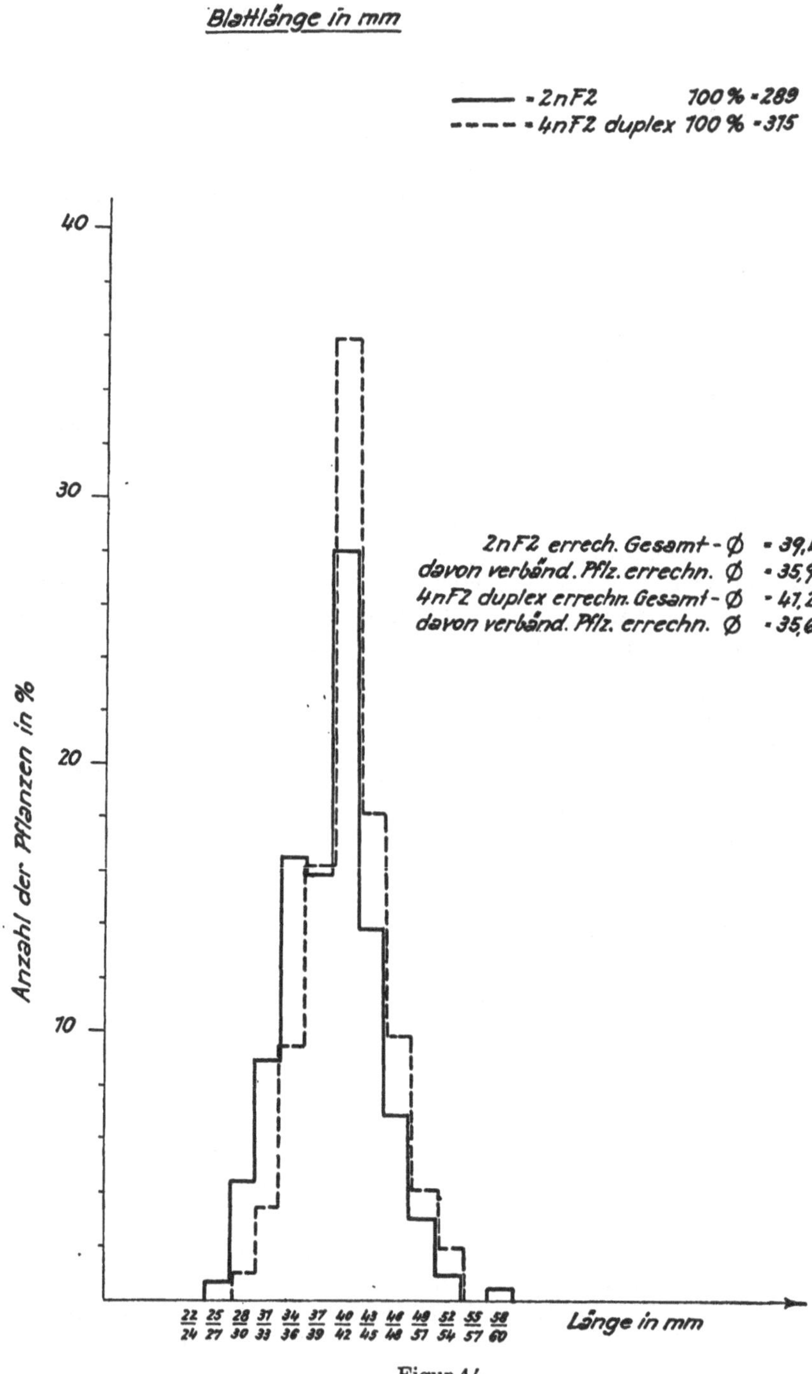
Blattlänge in mm
- 2nF2 100% = 289
- 4nF2 duplex 100% = 315
2nF2 errech. Gesamt-Ø = 39,4 mm
davon verbänd. Pflz. errechn. Ø = 35,9 "
4nF2 duplex errechn. Gesamt-Ø = 41,2 "
davon verbänd. Pflz. errechn. Ø = 35,6 "
Anzahl der Pflanzen in %
40
30
20
10
22/24 25/27 28/30 31/33 34/36 37/39 40/42 43/45 46/48 49/51 52/54 55/57 58/60
Länge in mm

Figur 14.

Ein Vergleich der Populations-Durchschnittsleistungen von Di- und Tetraploiden (Fig. 14) fällt erwartungsgemäß zugunsten der Tetraploiden aus. Der größere Anteil heterozygoter, im Wachstum geförderter Pflanzen hebt die Durchschnittsleistung der Population. In einer Reihe ähnlicher Vergleiche mit anderen Merkmalen konnten ebenfalls Unterschiede hinsichtlich der Populationsdurchschnittsleistung festgestellt werden.

Der in einer Selbstungsgeneration zu erwartende Leistungsrückgang ist also im allgemeinen bei den Tetraploiden geringer. Es kann aber auch der Fall eintreten, daß die tetraploide Selbstungsgeneration einen ebenso starken Leistungsrückgang aufweist wie die diploide, nämlich dann, wenn die in einem bestimmten Locus vorhandene, Heterosis verursachende Heterozygotie nicht durch 2 sondern durch 3 oder 4 differierende Allele bedingt ist. An folgendem Beispiel sei dies erläutert.

Eine tetraallele Pflanze $L_a L_b L_c L_d$, die den Leistungswert 2 besitzt, wird geselbstet (normale Spaltung wird vorausgesetzt!). Die in der nachfolgenden Spaltungspopulation auftretenden triallelen Pflanzen (d. h. wenn 3 Indices differieren) haben den Leistungswert 1,5 und die diallelen den Leistungswert 1. Die Leistungswerte dieser di-, tri- und tetraallelen Pflanzen in der Spaltungspopulation verhalten sich zueinander dann folgendermaßen:

Gameten \ Gameten	$L_a L_b$	$L_a L_c$	$L_a L_d$	$L_b L_c$	$L_b L_d$	$L_c L_d$	
$L_a L_b$	1,0	1,5	1,5	1,5	1,5	2,0	6/36 × Lw. 2,0
$L_a L_c$	1,5	1,0	1,5	1,5	2,0	1,5	24/36 × Lw. 1,5
$L_a L_d$	1,5	1,5	1,0	2,0	1,5	1,5	6/36 × Lw. 1,0
$L_b L_c$	1,5	1,5	2,0	1,0	1,5	1,5	= 54/36
$L_b L_d$	1,5	2,0	1,5	1,5	1,0	1,5	1,5 = ⌀ Lw. der
$L_c L_d$	2,0	1,5	1,5	1,5	1,5	1,0	Population

Der Leistungswert fällt also wie in einer diploiden Selbstungsgeneration von 100% auf 75% (vgl. Tab. 12, S. 20). Natürliche Autotetraploide und ältere artifizielle Tetraploide, die mit großer Wahrscheinlichkeit mehr als 2 Allele an bestimmten Loci haben, werden sich demnach hinsichtlich der entstehenden Inzuchtdepressionen wie Diploide verhalten können.

d) Mutationen

Die Leistungsfähigkeit einer Population wird nicht nur durch das Spaltungsverhalten bzw. durch die Neukombination bestimmter Merkmale beeinflußt, sondern auch durch die in einer Population mutierenden Gene, auf die an dieser Stelle noch einzugehen ist. Mit Hilfe umfangreicher populationsgenetischer Untersuchungen war es möglich, die Auswirkung bestimmter Selektionsvorgänge auf die Leistung einer Population in fortlaufenden Generationsfolgen zu klären. Leider liegen bisher in der Hauptsache nur Untersuchungen über diploide Pflanzen in dieser Richtung vor. BRIEGER (1955) ist es zu verdanken, daß dem Züchter die oft schwierig zu verstehenden mathematischen

Ableitungen der Populationsgenetik in Form von graphischen Darstellungen sowie ihre praktische Anwendung bei Diploiden verständlich gemacht werden können.

In den folgenden vergleichenden Untersuchungen zwischen Di- und Tetraploiden sind lediglich Zahlenbeispiele für die Ausbreitungs- und Ausmerzungsgeschwindigkeit bestimmter Mutanten aufgeführt, um damit zu zeigen, wie ungleich schwieriger züchterische Selektionsmethoden an tetraploiden Populationen durchzuführen sind. Um die Beispiele zu vereinfachen, wird sowohl bei den Di- als auch bei den Tetraploiden nur jeweils eine Pflanze angenommen, die die Mutante im haploiden Chromosomensatz besitzt. Kompliziertere Verhältnisse, wie sie zum Beispiel bei somatischen und Rück-Mutationen vorliegen, würden zwar graduelle Unterschiede schaffen, die zwischen Di- und Tetraploiden bestehenden Differenzen dürften aber im Prinzip gewahrt bleiben.

Im wesentlichen sind 4 Mutationsschritte, die die Leistungsfähigkeit einer Population verändern können, zu erwarten.

1. dominante Mutante = leistungsfördernd
2. rezessive Mutante = leistungsfördernd
3. dominante Mutante = leistungshemmend
4. rezessive Mutanten = leistungshemmend

Nehmen wir zunächst an, es handelt sich bei einer neu aufgetretenen Mutation um eine dominante mit positivem Selektionswert, dann wird sowohl in der diploiden als auch in der tetraploiden Population eine heterozygote Pflanze auftreten, die vorerst in haploider, simplexer Dosis ein neues, leistungsförderndes Merkmal enthält.

Die aus der Selbstung dieser beiden Pflanzen hervorgehenden Nachkommen werden verschiedenartige Leistungsveränderungen zeigen. Um die Rechnung zu vereinfachen, wurde angenommen, es handele sich um Populationen obligatorischer Selbstbefruchter, und die weniger wüchsigen, homozygoten Genotypen jeder Generation seien selektioniert. Die Nachkommenschaft der heterozygoten diploiden Pflanze wird dann eine Population liefern, die 25% Pflanzen mit geringerer Vitalität enthält. In den darauf folgenden Generationen wird sich der Anteil weniger wüchsiger Pflanzen schnell verringern. Die tetraploide I_1-Spaltungspopulation wird zwar noch den gleichen Prozentsatz Pflanzen mit geringerer Vitalität liefern wie die diploide, die darauf folgenden Generationen werden aber ein langsameres Absinken des prozentualen Anteils solcher Pflanzen aufweisen (wie aus der Tab. 13 hervorgeht).

Handelt es sich bei der neu aufgetretenen Mutation um eine leistungsfördernde, rezessive, so wird die I_1 der diploiden Spaltungspopulation 25% Pflanzen mit größerer Vitalität aufweisen, die tetraploide I_1 dagegen aber überhaupt noch keine leistungsfähigeren, also noch 100% Pflanzen mit geringerer Vitalität (die Chromatiden-Spaltung würde allerdings das Ergebnis

TABELLE 13

2n		4n	
dd	ein d mutierte nach D	dddd	ein d mutierte nach D
F_1 = Dd	% der weniger wüchsigen dd in den Inzuchtgenerationen	F_1 = Dddd	% der weniger wüchsigen dddd in den Inzuchtgenerationen
I_1 = dd	= 25,00	I_1 = dddd	= 25,00
I_2 = dd	= 16,67	I_2 = dddd	= 17,59
I_3 = dd	= 10,00	I_3 = dddd	= 13,48
I_4 = dd	= 5,56	I_4 = dddd	= 10,86
I_5 = dd	= 2,94	I_5 = dddd	= 9,02
I_6 = dd	= 1,52	I_6 = dddd	= 7,66
I_7 = dd	= 0,51	I_7 = dddd	= 6,08
I_8 = dd	= 0,39	I_8 = dddd	= 5,70

den diploiden Verhältnissen um ein geringes näher bringen). Erst in den folgenden Generationen würde der Anteil der leistungsfähigeren Rezessiven sich bemerkbar machen und ständig ansteigen. Die Aufnahme einer leistungsfähigeren, rezessiven Mutante in eine tetraploide Population erfolgt demnach sehr langsam.

Das Auftreten einer leistungshemmenden, dominanten Mutante würde in einer diploiden Population schnell zu einer vorübergehenden Drückung der durchschnittlichen Populationsleistung führen, die aber schnell wieder eine Verbesserung nach Ausscheidung der dominanten Mutante erfahren würde. Die tetraploide Population braucht eine wesentlich längere Zeitspanne, um sich von dem leistungsdrückenden Einfluß der dominanten Mutante zu befreien. Würde es sich aber um eine letale, dominante Mutante handeln, wären die beschriebenen Unterschiede nicht zu beobachten.

TABELLE 14

2n		4n	
AA	ein A mutierte nach a	AAAA	ein A mutierte nach a
F_1 = Aa	% der weniger wüchsigen aa Pflanzen in den Inzuchtgenerationen	F_1 = AAAa	% der weniger wüchsigen aaaa Pflanzen in den Inzuchtgenerationen
I_1 = aa	= 25,00	I_1 = aaaa	= 0,00
I_2 = aa	= 16,67	I_2 = aaaa	= 0,7
I_3 = aa	= 10,00	I_3 = aaaa	= 2,1
I_4 = aa	= 5,56	I_4 = aaaa	= 2,76
I_5 = aa	= 2,94	I_5 = aaaa	= 2,90
I_6 = aa	= 1,52	I_6 = aaaa	= 2,77
I_7 = aa	= 0,51	I_7 = aaaa	= 2,52
I_8 = aa	= 0,39	I_8 = aaaa	= 2,23

Besitzt nun die neu aufgetretene Mutante die 4. mögliche Eigenschaft, einen rezessiven, leistungsdrückenden Einfluß (Tab. 14), so werden in der diploiden I_1-Spaltungsgeneration wieder 25% leistungshemmende Pflanzen vorhanden sein, in der I_2 aber nur noch 16%, wenn die Rezessiven rechnerisch als letal gewertet werden. Anders verhält sich auch hier die tetraploide Spaltungspopulation. In der I_1 werden überhaupt noch keine leistungsdrückenden Pflanzen auftreten, in den folgenden Generationen dann aber mehr und mehr. Erst von der I_7 ab ist ein Ausscheiden der weniger leistungsfähigen, rezessiven Mutante zu bemerken.

Ganz allgemein kann auf Grund der eben angeführten Beispiele gesagt werden, daß die tetraploide Population gegenüber dem Evolutionsgeschehen ein geringeres Reaktionsvermögen besitzt. Weil das Selektionieren von Genen aus tetraploiden Populationen länger dauert, besteht in diesen eher als in diploiden die Möglichkeit, scheinbar wertlose Gene durch Chromosomenmutationen mit anderen Genen zu koppeln, um dann einen züchterisch brauchbaren Genotyp darzustellen. Aus dem Gesagten wird auch verständlich, warum eine artifizielle tetraploide Population wesentlich mehr Generationen braucht, um sich zu einer wohl ausbalancierten, leistungsfähigen Population zu entwickeln.

e) Genfrequenz

Die Leistungsfähigkeit einer Population wird vorwiegend durch die in ihr vorhandenen leistungsfördernden und -hemmenden Gene bestimmt. Von großer Bedeutung ist dabei die Häufigkeit des Auftretens dieser in einem Genort.

In nicht selektionierten Populationen allogamer Pflanzen wird sich unter den Allelen ein Gleichgewicht einstellen, und zwar dann, wenn die Selektionsvor- und -nachteile des einen Allels denen des anderen entsprechen. Dabei wird selten das Gleichgewicht zweier Allele genau bei 50:50 liegen. Der Selektionsvorteil des einen Allels wird meist größer sein als der des anderen, jedoch nicht so groß, daß das andere im Laufe weniger Generationen vollkommen verdrängt wird. Daher kann ein unter normalen Wachstumsbedingungen mit wenig Selektionsvorteilen ausgestattetes Allel unter extremen Bedingungen durchaus eine relative Zunahme selektiver Vorteile erlangen.

Anders liegen die Verhältnisse in artifiziellen Populationen. Durch pflanzenbauliche Maßnahmen werden für die leistungsfähigen Genotypen optimale Wachstumsverhältnisse geschaffen. Genotypen, deren Allele unter diesen Wachstumsverhältnissen ertragsmindernd wirken, werden aus der Population entfernt. Es können sich also in einer artifiziellen Population nur solche Allele halten, die eine leistungsfördernde Wirkung auf die Pflanze ausüben. Unerwünschte Allele aus einer Population zu entfernen, ist manchmal aber schwierig, vor allem wenn bei rezessiven Allelen im heterozygoten Zustand nichts mehr von ihrer leistungshemmenden Wirkung zu bemerken ist.

Die Häufigkeit eines Allels in einer Population kann mit Hilfe der Hardy-Weinberg-Formel berechnet werden. Hat ein rezessives Allel beispielsweise die relative Häufigkeit von 0,5, so bedeutet das in einer Population ein 25%iges Auftreten dieses rezessiven Allels in homozygoter Form. Die übrigen 75% würden sich aus homo- und heterozygoten, dominanten Pflanzen zusammensetzen.

Bezeichnen wir das rezessive Allel mit a und das dazugehörige dominante mit A, so ist die Häufigkeit des Allels A = 1 — a oder a = 1 — A. Wenn p die Häufigkeit des Allels A und q die des Allels a angibt, ist nach der Hardy-Weinberg-Formel mit folgender Verteilung der Genotypen in der Population zu rechnen:

$$p^2\,\mathrm{AA} + 2\,p\,q\,\mathrm{Aa} + q^2\,\mathrm{aa}\,.$$

Sind z. B. in einer Population 30% der Pflanzen homozygot für das rezessive Allel a, kann folgende Allelhäufigkeit für den Genort errechnet werden:

$$\mathrm{a}^2 = 0{,}3 = 30\%,$$
$$\mathrm{a} = \sqrt{0{,}3} = 0{,}55 \text{ Allelhäufigkeit},$$
$$1—\mathrm{a} = \mathrm{A} = 0{,}45 \text{ Allelhäufigkeit},$$
$$\mathrm{AA} + 2\,\mathrm{Aa} + \mathrm{aa}$$
$$(0{,}45)^2 + 2 \cdot (0{,}45) \cdot (0{,}55) + (0{,}55)^2 =$$
$$0{,}2 + 0{,}5 + 0{,}3$$

Die Häufigkeit der homozygoten, dominanten Genotypen beträgt in diesem Fall 0,2 (20%), die der heterozygoten 0,5 (50%). Der Selektionsvorteil des rezessiven Allels a kann hier — aus dem Mittelwert berechnet — mit 5% (a = 0,55 : A = 0,45) angegeben werden.

Ist in einer diploiden Population die eben angeführte Allelverteilung für eine hohe Ertragsbildung als besonders günstig zu bezeichnen, so besteht noch die Frage, wie stark die einzelnen Genotypen in einer tetraploiden Population vertreten sein müssen, um eine ähnliche Allelverteilung zu erzielen. Wenn der Anteil homozygoter, rezessiver Pflanzen in der tetraploiden Population genau wie in der diploiden 30% beträgt, kann die Allelhäufigkeit — ausgehend von den Angaben KEMPTHORNs (1955) — folgendermaßen berechnet werden.

Das Binom der Tetraploiden ist $(p + q)^4$, wobei die Allelhäufigkeit p — wie bereits gesagt — für A zutrifft und q für a. Die Binomialkoeffizienten sind hier 1:4:6:4:1. Die Genotypen können somit in folgender Häufigkeit erwartet werden:

$$p^4\mathrm{AAAA} + 4\,p^3q\mathrm{AAAa} + 6p^2q^2\mathrm{AAaa} + 4pq^3\mathrm{Aaaa} + q^4\mathrm{aaaa}$$
$$\mathrm{a}^4 = 0{,}3 = 30\%,$$
$$\mathrm{a} = \sqrt[4]{0{,}3} = 0{,}74 = \text{Allelhäufigkeit},$$
$$1—\mathrm{a} = \mathrm{A} = 0{,}26 = \text{Allelhäufigkeit},$$

Für den Genotyp AAAA = $(0{,}26)^4$ = 0,0045 = 0,5%,
Für den Genotyp AAAa = $4 \cdot (0{,}26)^3 \cdot (0{,}74)$ = 0,0520 = 5,2%,
Für den Genotyp AAaa = $6 \cdot (0{,}26)^2 \cdot (0{,}74)^2$ = 0,2221 = 22,2%,
Für den Genotyp Aaaa = $4 \cdot (0{,}26) \cdot (0{,}74)^3$ = 0,4214 = 42,1%,
Für den Genotyp aaaa = $(0{,}74)^4$ = 0,3 = 30%.

Die Allelhäufigkeit a beträgt für die diploide Population 0,55, für die tetraploide 0,74, wenn 30% homozygot rezessive Genotypen vorhanden sind. Der Selektionsvorteil des rezessiven Allels beträgt bei den Tetraploiden 24% (0,74), 5% bei den Diploiden. Da angenommen wurde, die Allelverteilung von 0,45 A:0,55 a stelle hinsichtlich der Leistungsbeeinflussung der Population das optimale Verhältnis dar, muß in der tetraploiden Population der Anteil der homozygoten, rezessiven Genotypen auf 9,1% ($0{,}55^4 = 0{,}091 = 9{,}1\%$) gehalten werden, um die Allelhäufigkeit von 0,55 für a zu erreichen.

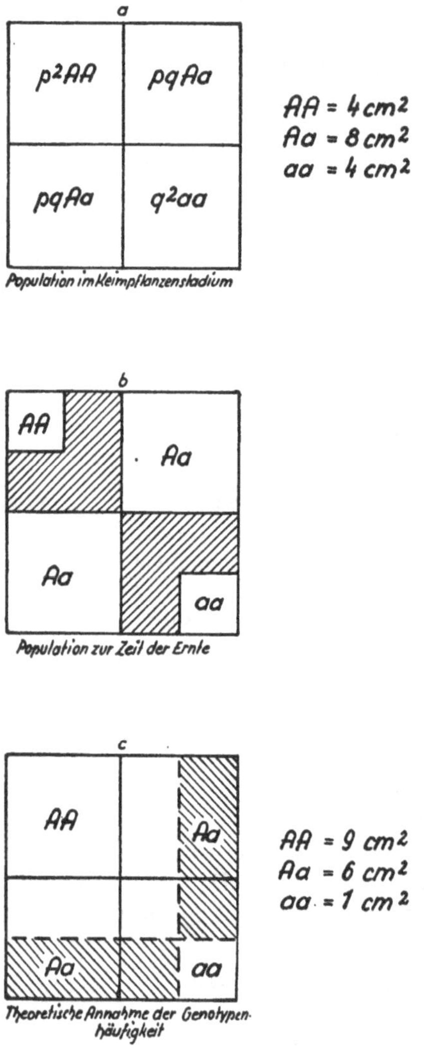

Figur 15

Ist in einer tetraploiden Population die Häufigkeit nicht nur eines Allels verändert, sondern gleich mehrerer sowohl dominanter als auch rezessiver Allele, kann ohne weiteres der Fall eintreten, daß die Leistungsfähigkeit dieser Population nicht mehr befriedigt.

Setzen sich die Pflanzen einer Population aus extrem super- und subvitalen Genotypen zusammen, bereitet die Bestimmung der Allelhäufigkeit in einem späteren Entwicklungsstadium einige Schwierigkeiten. Unter Verwendung der Zahlen, die bei der Berechnung der Allelhäufigkeit erhalten werden, lassen sich in Populationen die Allele ausfindig machen, die im heterozygoten Zustand eine Heterosis verursachen.

Nehmen wir an, daß in einer diploiden Population zur Zeit des Keimpflanzenstadiums die Allelhäufigkeit von A = 0,5 und von a ebenfalls 0,5 beträgt. Die Population kann (in Fig. 15a flächenmäßig dargestellt) in folgende Genotypen aufgeteilt werden.

Zur Zeit der Ernte kann durch einen relativ stärkeren Ausfall homozygoter Genotypen eine zahlenmäßige Verschiebung der in der Population vorhandenen Genotypen eingetreten sein. In der Fig. 15b soll der zahlenmäßige Ausfall an homozygoten Genotypen durch die schraffierte Fläche verdeutlicht sein. Wird nun zur Berechnung der Allelhäufigkeit beispielsweise die Anzahl der homozygoten, rezessiven Genotypen verwendet, würde das in der Fig. 15c angegebene Genotypenverhältnis zu erwarten sein. Der Wechsel in der Allelhäufigkeit würde nach den Berechnungen (Fig. 15c) zwischen einer sich im Keimpflanzenstadium befindenden und einer in ihrer generativen Entwicklung zum Abschluß gekommenen Population beträchtlich sein. In der Praxis werden aber z. B. die Aa-Genotypen einen größeren Anteil in der Population aufweisen (8 cm^2), als für sie berechnet worden ist (6 cm^2) (Fig. 15c).

Ergibt die Berechnung an mehreren aufeinanderfolgenden Generationen jedesmal zwischen Wachstumsbeginn und Wachstumsabschluß der Pflanzen innerhalb einer Population eine große Differenz in der Allelhäufigkeit, so kann der Selektionsvorteil bzw. die Leistungsfähigkeit von Genotypen bestimmt werden. Die heterozygoten Genotypen Aa würden z. B. einen großen Selektionsvorteil gegenüber den homozygoten AA besitzen, wenn die im Keimpflanzenstadium in jeder Generation mit 25% (Allelhäufigkeit 0,5) vorkommenden homozygoten, rezessiven Genotypen infolge ihrer Letalität in den späteren jährlichen Entwicklungsstadien aussterben würden. Die 25% homozygoter, rezessiver Genotypen müßten ja unter diesen Umständen in jeder Generation neu aus den heterozygoten Aa-Pflanzen hervorgehen. Die Leistungsüberlegenheit von Aa- über AA-Genotypen müßte dann aber sehr groß sein, um im Keimpflanzenstadium für das rezessive Allel a wieder eine Häufigkeit von ca. 0,5 zu erzielen.

An tetraploiden Populationen werden ähnliche Schwankungen der Allelhäufigkeit zu beobachten sein, die dann weiter zu einer Bestimmung der Leistungsfähigkeit einzelner Genotypen verwandt werden können.

Auf Grund der Annahme einer unterschiedlichen Genfrequenz lassen sich auch Schlußfolgerungen über die Wirksamkeit einer Selektion in panmiktischen, di- und tetraploiden Populationen auf bestimmte Genotypen ziehen, wenn das Auftreten folgender Fälle berücksichtigt wird:

1. additive Genwirkung,
2. additive Genwirkung und Dominanzeffekte,
3. additive und epistatische Genwirkung,
4. additive Genwirkung und Superdominanz.

Das folgende Beispiel schließt den 1. Fall, die additive Genwirkung, ein. In einer diploiden Population soll A den Leistungswert 3, a den Leistungswert 1 hervorbringen, B den Leistungswert 2, b den Leistungswert 1. Die Genfrequenz beträgt sowohl für A als auch für B 0,5. Die Tab. 15 gibt eine Aufstellung der daraus resultierenden Leistungswerte der Population.

Die Tab. 16 gibt über die Häufigkeit der Genotypen unter oben gemachter Voraussetzung Aufschluß.

TABELLE 15

	AA ↓	Aa ↓	aa ↓
BB→	AA Lw.6 **BB** Lw.4 } 10	Aa 4 BB 4 } 8	aa 2 BB 4 } 6
Bb→	AA Lw.6 Bb Lw.3 } 9	Aa 4 Bb 3 } 7	aa 2 Bb 3 } 5
bb→	AA Lw.6 bb Lw.2 } 8	Aa 4 bb 2 } 6	aa 2 bb 2 } 4

TABELLE 16

	A = 0,5		a = 0,5
B = 0,5	**AABB** **0,25 × 0,25 =** 0,0625 $A^2 \times B^2$	AaBB $2Aa \times B^2$	aaBB 0,0625 $a^2 \times B^2$
	AABb 0,125 $A^2 \times 2Bb$	AaBb 2 × 0,5 × 0,5 × 2 × 0,5 × 0,5 = 0,25 $2Aa \times 2Bb$	aaBb 0,25 × 2 × 0,5 × 0,5 = 0,125 $a^2 \times 2Bb$
b = 0,5	AAbb 0,0625 $A^2 \times b^2$	Aabb 0,125 $2Aa \times b^2$	aabb 0,0625 $a^2 \times b^2$

In dieser diploiden, panmiktischen Population würden die für die einzelnen Genotypen angenommenen Leistungswerte prozentual folgendermaßen vertreten sein:

Leistungswert	10 =	6,25%
Leistungswert	9 =	12,50%
Leistungswert	8 =	18,75%
Leistungswert	7 =	25,00%
Leistungswert	6 =	18,75%
Leistungswert	5 =	12,50%
Leistungswert	4 =	6,25%
		100,00%

Nehmen wir aber an, die Allelhäufigkeit betrage für A 0,8, für a 0,2 und für B 0,3, für b 0,7 (denn Abweichungen vom 1:1-Verhältnis der Allele untereinander werden in den natürlichen und züchterisch bearbeiteten Populationen die Regel sein), so erhalten wir die in Tab. 17 angegebenen Genotypenverhältnisse.

TABELLE 17

	A = 0,8		a = 0,2
B = 0,3	AABB (0,64 × 0,09) = 0,0576 $A^2 \times B^2$	AaBB 2.0,16 × 0,09= 0,0288 $2Aa \times B^2$	aaBB 0,04 × 0,09 = 0,0036 $a^2 \times B^2$
	AABb 0,64 × 2.0,21 = 0,2688 $A^2 \times 2 \cdot B \cdot b$	AaBb 2.(0,8 × 0,2) × 2.(0,3 × 0,7) = 0,1344 $2Aa \times 2Bb$	aaBb 0,04 × 2.0,21 = 0,0168 $a^2 \times 2Bb$
b = 0,7	AAbb 0,64 × 0,49 = 0,3136 $A^2 \times b^2$	Aabb 2·0,16 × 0,49 = 0,1568 $2Aa \times b^2$	aabb 0,04 × 0,49 = 0,0196 $a^2 \times b^2$

Werden für die verschiedenen Genotypen die bereits am Anfang gebrauchten Leistungswerte wieder zugrunde gelegt, so teilen diese die Population prozentual folgendermaßen auf:

Leistungswert 10 =	5,76%
Leistungswert 9 =	26,88%
Leistungswert 8 =	34,24%
Leistungswert 7 =	13,44%
Leistungswert 6 =	16,04%
Leistungswert 5 =	1,68%
Leistungswert 4 =	1,96%
	100,00%

In gleicher Weise können für 2. additive Genwirkung in Kombination mit Dominanzeffekten (Tab. 18), für 3. additive und epistatische Genwirkung (Tab. 19) und für 4. additive Genwirkung und Superdominanz (Tab. 20) die Leistungswerte erhalten und ihre prozentuale Beteiligung an der Population festgelegt werden.

TABELLE 18

	AA		Aa		aa	
BB→	AA 6 BB 4	10	Aa 4 BB 4	8	aa 2 BB 4	6
Bb→	AA 6 Bb 4	10	Aa 4 Bb 4	8	aa 2 Bb 4	6
bb→	AA 6 bb 2	8	Aa 4 bb 2	6	aa 2 bb 2	4

TABELLE 19

AABB 8	AaBB 6	aaBB 8
AABb 7	AaBb 6	aaBb 7
AAbb 6	Aabb 5	aabb 3

TABELLE 20

AABB 5	AaBB 4	aaBB 3
AABb 7	AaBb 6	aaBb 5
AAbb 5	Aabb 4	aabb 3

Auf Grund dieser Tabellen könnte einiges über die Wirksamkeit von Selektionsmaßnahmen in diploiden Populationen gesagt werden. 2 Beispiele seien nur kurz erwähnt, da es hier im wesentlichen auf einen Vergleich zwischen Di- und Tetraploiden ankommt. 1. Überdurchschnittliche Genotypen, die zu gleichen Teilen aus epistatischer und additiver Genwirkung resultieren, werden bei erneuter Panmixie keine Leistungsverbesserung mehr zeigen (AABB mit Leistungswert 8×aaBB mit Leistungswert 8 → AaBB mit Leistungswert 6). Durch unterschiedliche Genfrequenz ist aber die Möglichkeit gegeben, mit größerer Sicherheit auf additive oder epistatische Genwirkung zu selektieren. 2. Tritt in panmiktischen Populationen additive Genwirkung und Superdominanz auf, wird — je nachdem welche von beiden Wirkungen größer ist — das Schwergewicht mehr auf Prüfung der Kombinationseignung der Genotypen oder auf der Einzelpflanzennachkommenschaftsprüfung liegen.

Kommen wir nun zur Berechnung der Häufigkeit tetraploider Genotypen. Die Genfrequenz von A und B soll wieder 0,5 sein (Tab. 21). Außerdem ist in gleicher Tabelle die Häufigkeit der Genotypen bei der Frequenz A = 0,8 und B = 0,3 jeweils unter der für 0,5 eingetragen.

Es wäre müßig, wollte man für die tetraploiden Genotypen die Leistungswerte berechnen und nach ihren Prozentanteilen zusammenstellen so, wie es bei den diploiden getan wurde. Aus der Verteilung der di- und tetraploiden Genotypen innerhalb einer panmiktischen Population ist ja bereits zu entnehmen, daß die Selektion in einer bestimmten Richtung, sei es additive oder epistatische Genwirkung, bei den tetraploiden länger dauern wird, weil die prozentuale Häufigkeit extremer Genotypen geringer ist. Da Abweichungen vom 1:1-Verhältnis der Allele, wie bereits gesagt, in natürlichen und züchterisch bearbeiteten Populationen die Regel sind, wird zusätzlich die Selektion bestimmter tetraploider Genotypen stark erschwert. Die Genfrequenz von A = 0,8 und B = 0,3 macht es fast unmöglich, Genotypen aaaaBBBB mit epistatischer Genwirkung zu finden.

TABELLE 21

AAAABBBB 0,0039 0,0033 $A^4 \times B^4$	AAAaBBBB 0,0156 0,0033 $4.(A^3a) \times B^4$	AAaaBBBB 0,0234 0,0012 $6.(A^2a^2) \times B^4$	AaaaBBBB 0,0156 0,0002 $4.(Aa^3) \times B^4$	aaaaBBBB 0,0039 0,0000 $a^4 \times B^4$
AAAABBBb 0,0156 0,0310 $A^4 \times 4.(B^3b)$	AAAaBBBb 0,0625 0,0310 $4.(A^3a) \times 4.(B^3b)$	AAaaBBBb 0,0938 0,0116 $6.(A^2a^2) \times 4.(B^3b)$	AaaaBBBb 0,0625 0,0019 $4.(Aa^3) \times 4.(B^3b)$	aaaaBBBb 0,0156 0,0001 $a^4 \times 4.(B^3b)$
AAAABBbb 0,0234 0,1084 $A^4 \times 6.(B^2b^2)$	AAAaBBbb 0,0938 0,1084 $4.(A^3a) \times$ $6.(B^2b^2)$	AAaaBBbb 0,1406 0,0406 $6.(A^2a^2) \times 6 \times$ (B^2b^2)	AaaaBBbb 0,0938 0,0068 $4.(Aa^3) \times$ $6.(B^2b^2)$	aaaaBBbb 0,0234 0,0004 $a^4 \times 6.(B^2b^2)$
AAAABbbb 0,0156 0,1686 $A^4 \times 4.(Bb^3)$	AAAaBbbb 0,0625 0,1686 $4.(A^3a) \times$ $4.(Bb^3)$	AAaaBbbb 0,0938 0,0632 $6.(A^2a^2) \times$ $4.(Bb^3)$	AaaaBbbb 0,0625 0,0105 $4.(Aa^3) \times$ $4.(Bb^3)$	aaaaBbbb 0,0156 0,0007 $a^4 \times 4.(Bb^3)$
AAAAbbbb 0,0039 0,0983 $A^4 \times b^4$	AAAabbbb 0,0156 0,0983 $4.(A^3a) \times b^4$	AAaabbbb 0,0234 0,0369 $6.(A^2a^2) \times b^4$	Aaaabbbb 0,0156 0,0061 $4.(Aa^3) \times b^4$	aaaabbbb 0,0039 0,0004 $a^4 \times b^4$

Im Zusammenhang mit der Genfrequenz sei noch auf die Bestimmung des Verwandtschafts- und Inzuchtgrades in vergleichbaren di- und tetraploiden Populationen eingegangen. In der Fig. 16 ist das Schema einer schwachen Inzucht innerhalb diploider Populationen aufgeführt. Es wird vorausgesetzt, daß von den sechs 1956 vorhandenen Genotypen Pärchen gebildet werden. In einem der drei Pärchen wird ein Elter mit einem rezessiven Allel a angenommen. Die Nachkommen dieses Pärchens werden mit einer Wahrscheinlichkeit von 50% wieder ein rezessives Allel a besitzen ($AA \times Aa = \frac{1}{2} AA + \frac{1}{2} Aa$), die Nachkommen der beiden anderen Pärchen werden natürlich kein rezessives Allel aufweisen. Die Kreuzung eines Nachkommen ohne a mit einem Nachkommen, der 50% a enthalten kann, würde das Auftreten des Genotyps Aa nochmals um die Hälfte vermindern ($\frac{1}{2} \times \frac{1}{2} = \frac{1}{4}$). Aus dem gezeichneten Stammbaum geht aber hervor, daß zwei Nachkommenschaften des eben geschilderten Typs vorhanden sind. Es würde demnach ganz allgemein $\frac{1}{2}$ der Pflanzen jeder dieser beiden Nachkommenschaften hinsichtlich des Allels a verwandt sein. Da in beiden Nachkommenschaften (1958) nur $\frac{1}{4}$ der Pflanzen ein rezessives Allel a heterozygot besitzt, können bei der Bildung eines Pärchens aus ihnen mit der Wahrscheinlichkeit von $\frac{1}{4} \times \frac{1}{4} = \frac{1}{16}$ zwei Aa-Genotypen zusammenkommen. Nur die Nachkommenschaft des Pärchens „heterozygot × heterozygot" wird $\frac{1}{4}$ homozygote aa Genotypen liefern.

Vergleichen wir das diploide Schema mit dem einer tetraploiden Inzucht. Es wird angenommen, daß der eine Elter dieser drei Pärchen das rezessive Allel in doppelter Dosis enthält. Die Nachkommen, die aus diesem einen

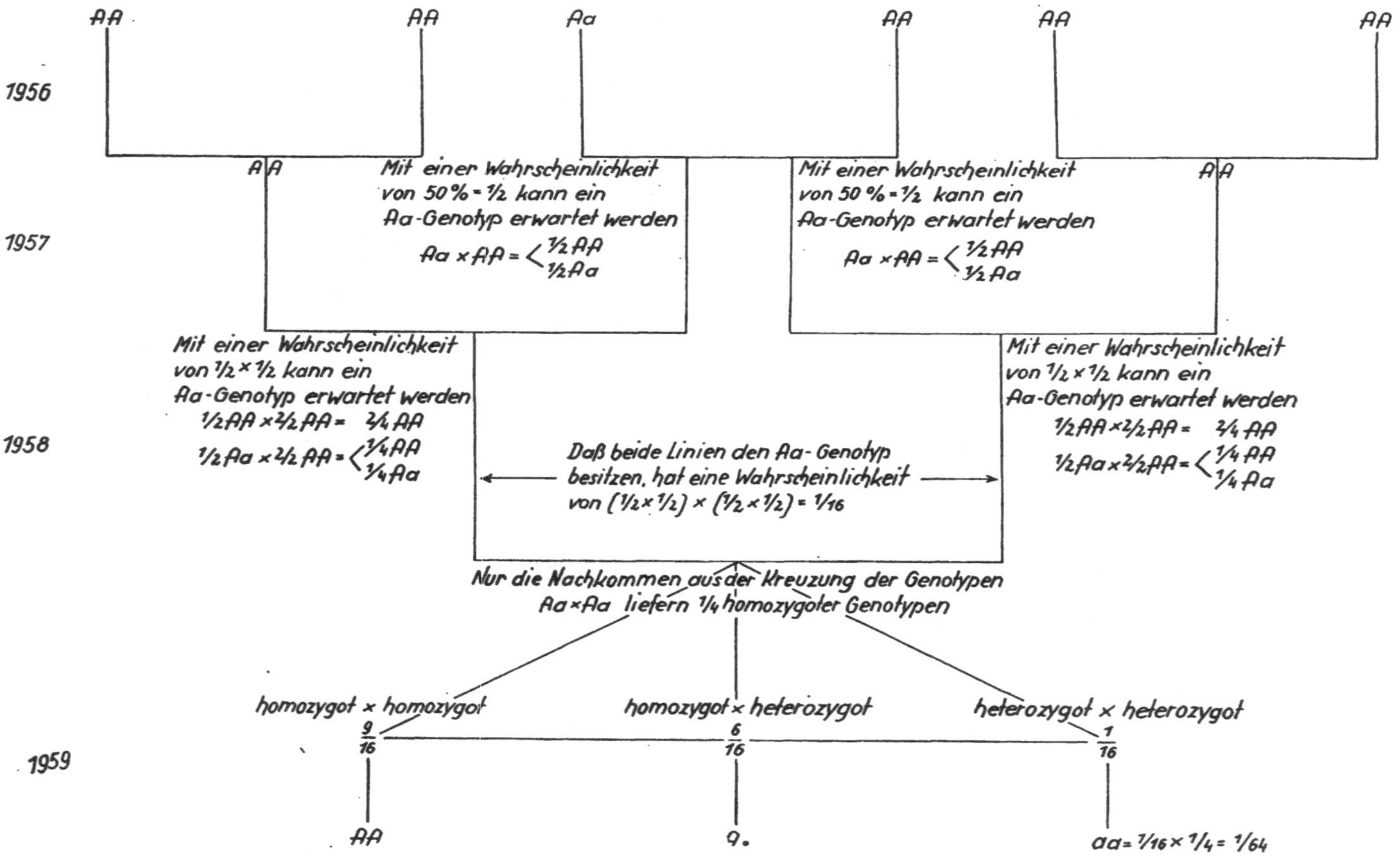

AA
AA
Aa
AA
AA
AA
1956
1957
1958
1959
A A
A A
Mit einer Wahrscheinlichkeit von 50 % = 1/2 kann ein Aa-Genotyp erwartet werden
Aa × AA = 1/2 AA, 1/2 Aa
Mit einer Wahrscheinlichkeit von 50 % = 1/2 kann ein Aa-Genotyp erwartet werden
Aa × AA = 1/2 AA, 1/2 Aa
Mit einer Wahrscheinlichkeit von 1/2 × 1/2 kann ein Aa-Genotyp erwartet werden
1/2 AA × 2/2 AA = 2/4 AA
1/2 Aa × 2/2 AA = 1/4 AA, 1/4 Aa
Mit einer Wahrscheinlichkeit von 1/2 × 1/2 kann ein Aa-Genotyp erwartet werden
1/2 AA × 2/2 AA = 2/4 AA
1/2 Aa × 2/2 AA = 1/4 AA, 1/4 Aa
Daß beide Linien den Aa-Genotyp besitzen, hat eine Wahrscheinlichkeit von (1/2 × 1/2) × (1/2 × 1/2) = 1/16
Nur die Nachkommen aus der Kreuzung der Genotypen Aa × Aa liefern 1/4 homozygoter Genotypen
homozygot × homozygot
9/16
homozygot × heterozygot
6/16
heterozygot × heterozygot
1/16
AA
9.
aa = 1/16 × 1/4 = 1/64

Figur 16

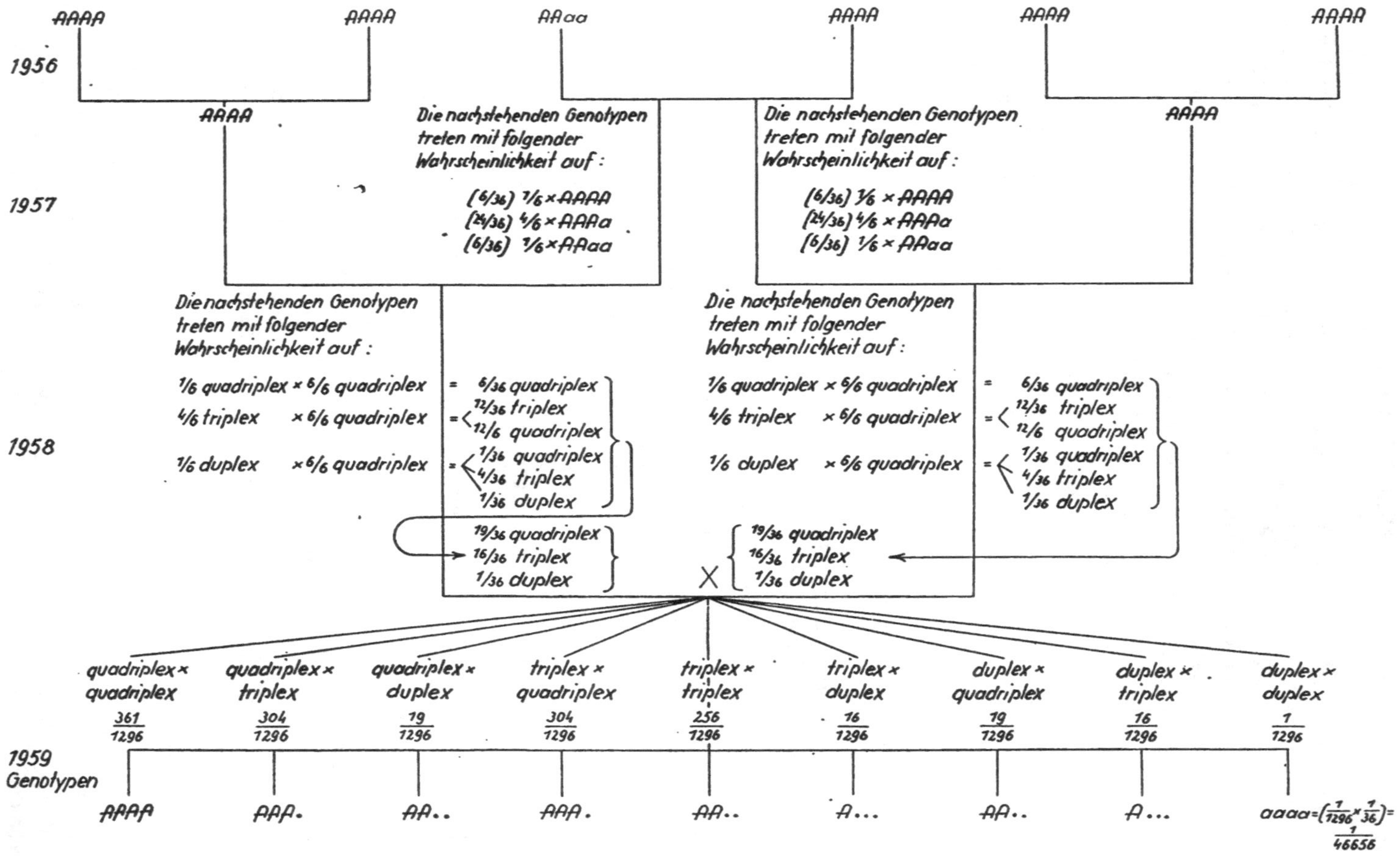
AAAA
AAAA
AAaa
AAAA
AAAA
AAAA
1956
AAAA
Die nachstehenden Genotypen treten mit folgender Wahrscheinlichkeit auf:
(6/36) 1/6 × AAAA
(24/36) 4/6 × AAAa
(6/36) 1/6 × AAaa
Die nachstehenden Genotypen treten mit folgender Wahrscheinlichkeit auf:
(6/36) 1/6 × AAAA
(24/36) 4/6 × AAAa
(6/36) 1/6 × AAaa
AAAA
1957
Die nachstehenden Genotypen treten mit folgender Wahrscheinlichkeit auf:
1/6 quadriplex × 6/6 quadriplex = 6/36 quadriplex
4/6 triplex × 6/6 quadriplex = 12/36 triplex, 12/6 quadriplex
1/6 duplex × 6/6 quadriplex = 1/36 quadriplex, 4/36 triplex, 1/36 duplex
Die nachstehenden Genotypen treten mit folgender Wahrscheinlichkeit auf:
1/6 quadriplex × 6/6 quadriplex = 6/36 quadriplex
4/6 triplex × 6/6 quadriplex = 12/36 triplex, 12/6 quadriplex
1/6 duplex × 6/6 quadriplex = 1/36 quadriplex, 4/36 triplex, 1/36 duplex
1958
19/36 quadriplex
16/36 triplex
1/36 duplex
X
19/36 quadriplex
16/36 triplex
1/36 duplex
quadriplex × quadriplex
361/1296
quadriplex × triplex
304/1296
quadriplex × duplex
19/1296
triplex × quadriplex
304/1296
triplex × triplex
256/1296
triplex × duplex
16/1296
duplex × quadriplex
19/1296
duplex × triplex
16/1296
duplex × duplex
1/1296
1959 Genotypen
AAAA
AAA.
AA..
AAA.
AA..
A...
AA..
A...
aaaa = (1/1296 × 1/36) = 1/46656

Figur 17

Pärchen hervorgehen, haben zu $^5/_6$ ein oder zwei rezessive Allele (triplex AAAa oder duplex AAaa), nur $^1/_6$ der Nachkommen wird frei von einem rezessiven Allel sein (bei den diploiden $^1/_2$!). Wird diese Nachkommenschaft entsprechend ihren Genotypenanteilen mit quadriplexen Genotypen (AAAA) gekreuzt, so werden die in der Fig. 17 für das Jahr 1958 angegebenen Genotypen in folgender Häufigkeit zu erwarten sein:

$^{19}/_{36}$	quadriplex	AAAA
$^{16}/_{36}$	triplex	AAAa
$^1/_{36}$	duplex	AAaa

Zu bemerken ist, daß nicht wie in der diploiden Nachkommenschaft $^1/_4$ sondern $^{17}/_{36}$ ($^{16}/_{36}$ + $^1/_{36}$) — also beinahe die Hälfte der Pflanzen — hinsichtlich des rezessiven Allels a verwandt sind. Werden durch diallele Kreuzung mit einer Wahrscheinlichkeit von $^1/_{36} \times {}^1/_{36} = {}^1/_{1296}$ zwei duplexe Genotypen in einem Pärchen vereint, so sind aus dieser Paarung mit einer Wahrscheinlichkeit von $^1/_{36}$ homozygote Rezessive zu erwarten.

Die für diploide Pflanzen zutreffenden Methoden zur Berechnung des Inzucht- und Verwandtschaftsgrades sind nach den hier gemachten Ausführungen nicht einfach auf tetraploide übertragbar.

3. FERTILITÄTSVERHÄLTNISSE

Die geringere Fertilität der Polyploiden und insbesondere die der artifiziellen beruht im wesentlichen auf Unterschieden dreier fertilitätsbeeinflussender Faktoren. Im ersten Faktor seien die blütenbiologischen Unterschiede zwischen diploiden und artifiziell tetraploiden zusammengefaßt. Die Polyploiden können sich beispielsweise hinsichtlich der Blütengröße und Nektarabsonderung wesentlich von den Diploiden unterscheiden. So konnte z. B. JULÉN 1958[1]) beim Rotklee beobachten, daß die Bienen auf Köpfen tetraploider Pflanzen im Durchschnitt 9,2 sek. verweilen, auf diploiden nur 6,6 sek. Aus eigenen Beobachtungen (1957) geht hervor, daß das Herunterbiegen der Unterlippe beim tetraploiden Löwenmaul ca. 50% mehr Kraftaufwand erfordert als beim diploiden.

Im zweiten Faktor sollen die cytogenetisch-physiologischen Vorgänge zusammengefaßt werden, die zu Unregelmäßigkeiten während der Reduktionsteilung und Bildung von Hypo- und Hyperploiden führen (vgl. ALEXANDER 1957). Auf eine genaue Analyse der beiden genannten Faktoren sei hier verzichtet und lediglich der dritte Faktor, die genetisch gesteuerten Befruchtungsverhältnisse, hervorgehoben.

a) Parasterilität

Dieses genetische Kontrollsystem für pflanzliche Befruchtungsverhältnisse beruht auf dem Vorhandensein von Sterilitätsallelen. Nachdem durch EAST und MANGELSDORF (1925) erstmalig gezeigt werden konnte, daß die

---

[1]) Tagungsberichte Nr. 18 der Deutschen Akademie der Landwirtschaftswissenschaften.

Fertilität (am Versuchsobjekt *Nicotiana* sp.) durch eine Serie von S-Allelen kontrolliert wird, folgten in kurzer Zeit viele Versuche in dieser Richtung, die prinzipiell von dem *Nicotiana*-Schema nicht abwichen, obgleich hinsichtlich der Anzahl der Sterilitätsallele bei den untersuchten Arten Differenzen auftraten (vgl. CRANE u. LAWRENCE 1931 und BREWBAKER 1955).

Voraussetzung für das Auftreten von Parasterilität ist das Vorhandensein von Sterilitätsallelen. Im allgemeinen werden in einer diploiden Pflanze mindestens 2 Sterilitätsallele vorhanden sein. Kommen im Pollen- und Griffelgewebe dieselben S-Allele vor, wird eine Befruchtung verhindert. Selbst- und Kreuzungssterilität tritt also immer dann auf, wenn die S-Allele des zur Befruchtung gelangenden Pollens in ihrer chemisch-physiologischen Reaktion von den im Griffelgewebe vorhandenen S-Allelen nicht abweichen. Während der Reduktionsteilung werden die beiden S-Allele in üblicher Weise auf die Gameten verteilt. Die Zygote bzw. die aus ihr entstehende Pflanze ist dadurch zwangsläufig bezüglich der S-Allele heterozygot. Die haploiden Gameten diploider Pflanzen besitzen immer nur ein S-Allel, tetraploide Pflanzen haben stets 2 S-Allele in einem Gamet. Jedem Genom wird gewissermaßen ein S-Allel zugeteilt.

Die physiologischen Vorgänge der Pollenschlauchhemmung erklärt STRAUB (1947/48) in folgender Weise. Der notwendige Wachstumsstoff (Antigen) wird bei Selbstbestäubung von dem im Leitgewebesystem vorhandenen „Antikörper" verbraucht, so daß der Pollenschlauch zur Einstellung seines Wachstums gezwungen ist (Verbrauchstheorie). Mit Hilfe eines serologischen Testes (vgl. LEWIS 1954) konnte gezeigt werden, daß der befruchtungsregulierende Mechanismus einer Antigen-Antikörper-Reaktion weitgehend entspricht. Pollen von selbststerilen Genotypen wurde Ratten injiziert. Die sich bildenden Antisera gaben mit allen Pollenextrakten eine Präzipitinreaktion, die aber bei der Prüfung von Extrakten homologer Pollen wesentlich stärker war.

Der Mechanismus der Selbst- und Kreuzungssterilität kann aber auch auf sporophytischer Grundlage (R-Allele) beruhen. Auf die sporophytische Kontrolle der Fertilitätsverhältnisse soll erst später eingegangen werden, weil ihr Mechanismus von dem der gametophytischen Kontrolle abweicht.

Die Arten und Familien, deren Fertilität durch eine multiple Serie von S- und R-Allelen gesteuert wird, ist in folgender Tabelle 22 nach Angaben von BREWBAKER (1955) wiedergegeben.

In der nun folgenden genetischen Analyse der gametophytisch kontrollierten Fertilitätsverhältnisse sollen in erster Linie die Kleearten berücksichtigt werden.

Der einfachste Fall einer genetischen Kontrolle der Fertilitätsverhältnisse ist bei der Paarung von Geschwisterpflanzen zu erwarten. Besitzen die beiden diploiden Eltern zusammen 4 verschiedene S-Allele, so können hinsichtlich der genotypischen Verteilung der S-Allele folgende Nachkommen erwartet werden.

$$♀\ S_1S_2 \times S_3S_4\ ♂$$

$$F_1\quad S_1S_3,\ S_2S_3,\ S_1S_4,\ S_2S_4$$

Die Geschwisterpaarung dieser F_1 gibt folgendes Fertilitätsverhältnis (Tab. 23).

TABELLE 22

I. Gametophytisch kontrolliert (S-Allele)

Art	Familie
Nicotiana spp.	Solanaceae
Petunia axillaris	Solanaceae
Petunia integrifolia	Solanaceae
Solanum spp.	Solanaceae
Antirrhinum glutinosum	Scrophulariaceae
Nemesia strumosa	Scrophulariaceae
Veronica syriaca	Scrophulariaceae
Oenothera organensis	Onagraceae
Oenothera rhombipetala	Onagraceae
Papaver nudicaule	Papaveraceae
Prunus avium	Rosaceae
Tradescantia virginiana	Commelinaceae
Trifolium hybridum	Leguminosae
Trifolium nigrescens	Leguminosae
Trifolium pratense	Leguminosae
Trifolium repens	Leguminosae
II. Sporophytisch kontrolliert (R-Allele)	
Cosmos bipinnatus	Compositae
Crepis capillaris	Compositae
Crepis foetida rhoeadifolia	Compositae
Parthenium argentatum	Compositae
Capsella grandiflora	Cruciferae
Iberis amara	Cruciferae
Theobroma cacao	Sterculiaceae

TABELLE 23

Paarungsmöglichkeiten von Geschwistern, deren Eltern zusammen in 4 S-Allelen differieren

♀ \ ♂	s_1s_3	s_2s_3	s_1s_4	s_2s_4
s_1s_3	×	s_1s_2 s_2s_3 s_1s_2 s_2s_3	s_1s_4 s_3s_4 s_1s_4 s_3s_4	s_1s_2 s_2s_3 s_1s_4 s_3s_4
s_2s_3	s_1s_2 s_1s_3 s_1s_2 s_1s_3	×	s_1s_2 s_1s_3 s_2s_4 s_3s_4	s_2s_4 s_3s_4 s_2s_4 s_3s_4
s_1s_4	s_1s_3 s_3s_4 s_1s_3 s_3s_4	s_1s_2 s_2s_4 s_1s_3 s_3s_4	×	s_1s_2 s_2s_4 s_1s_2 s_2s_4
s_2s_4	s_1s_2 s_1s_4 s_2s_3 s_3s_4	s_2s_3 s_3s_4 s_2s_3 s_3s_4	s_1s_2 s_1s_4 s_1s_2 s_1s_4	×

Von den 16 möglichen Paarungen ist ¼ (25%) kreuzungssteril. Die 12 kreuzungsfertilen Paarungen ergeben zu einem Drittel solche mit 4 verschiedenen Sterilitätsallelen (stark umrandet) und zu zwei Drittel solche mit nur 3 differierenden S-Allelen (schwach umrandet). Werden die Nachkommen der 12 übriggebliebenen Paarungen getrennt weitergezogen, sind bei denen mit 4 differierenden Sterilitätsallelen wieder 25% kreuzungssterile Pflanzen zu erwarten, dagegen bei denen mit nur 3 differierenden S-Allelen 50%. Der Gesamtanteil aller Kreuzungssterilen beträgt bei getrennter Aufzucht der Nachkommenschaften in der F_2 bereits 41,67% (F_1 = 25%!).

In der Hoffnung, in natürlichen Rotkleepopulationen die Zahl der Sterilitätsallele zu ermitteln, haben WILLIAMS (1937) und WEXELSEN (1945) umfangreiche Versuche angestellt. Letzterer konnte bei 627 Paarungen in 5 Fällen Kreuzungssterilität feststellen, da aber nicht überall ein Rücktest der Blütenköpfe erfolgte, sind die erhaltenen Werte nicht absolut sicher. Die Kreuzungssterilität beträgt in diesem genannten Fall 0,80%. Das entspricht annähernd 15 verschiedenen Sterilitätsallelen. Bei Vorhandensein vierer verschiedener Sterilitätsallele in einer diploiden Population können z. B. 16,67% kreuzungssterile Kombinationen auftreten, wie die nachfolgende Tab. 24 zeigt.

TABELLE 24

	S_1S_2	S_1S_3	S_1S_4	S_2S_3	S_2S_4	S_3S_4
S_1S_2	×					
S_1S_3		×				
S_1S_4			×			
S_2S_3				×		
S_2S_4					×	
S_3S_4						×

Dieser Vorgang kann in folgenden Formeln ausgedrückt werden, wenn *n* die Anzahl der unterschiedlichen Sterilitätsallele in einer Population ist.

$$\left.\begin{array}{ll} \text{Zahl der Kreuzungskombinationen:} & \left[\frac{n}{2} \cdot (n-1)\right]^2 = 36 \\ \text{Zahl der sterilen Kombinationen:} & \frac{n}{2} \cdot (n-1) = 6 \\ \text{der Prozentsatz Kreuzungssteriler:} & \frac{100}{n/2 \cdot (n-1)} = 16{,}7 \end{array}\right\} \text{für 4 S-Allele}$$

Bei freier Bestäubungsmöglichkeit — wie sie im Feldbestand gegeben ist — werden dagegen alle S-Allel-kontrollierten Pflanzen einen Samenansatz bringen, weil die Verteilung des Pollens durch Hummeln oder Bienen vollkommen wahllos ist. Auch bei der Annahme von 4 F_1-Geschwisterpflanzen (Tab. 23), die in 4 S-Allelen differieren, und die nach dialleler Kreuzung zu 25% kreuzungssterile Paarungen ergeben, werden unter den natürlichen Bedingungen des Feldbestandes alle Samen ansetzen. Die Tatsache, daß ein Viertel des zur Bestäubung gelangenden Pollens an seiner Befruchtungsmöglichkeit gehindert wird, bleibt aber bestehen, nur ist der Mehraufwand an Pollen allgemein so groß, daß sich 25% in keiner Weise im Samenansatz bemerkbar machen. Selbst in weiteren Inzuchtgenerationen läßt sich unter natürlichen Bedingungen der prozentuale Befruchtungserfolg nur unwesentlich beeinflussen. Bei diploiden Pflanzen besteht daher nicht die Möglichkeit, auf diese Weise Stämme mit hoher Sterilität zu erzeugen.

Wird als Gegenstück dazu die vergleichbare Kreuzung zweier tetraploider Pflanzen herangezogen, so werden in der F_1 Geschwister mit folgenden S-Allel-Kombinationen zu finden sein (Tab. 25).

TABELLE 25

Mögliche S-Allel-Kombinationen

aus der Kreuzung 4n: $S_1S_1S_2S_2 \times S_3S_3S_4S_4$

♀P \ ♂P	$1 \times S_3S_3$	$4 \times S_3S_4$	$1 \times S_4S_4$
$1 \times S_1S_1$	$1 \times S_1S_1S_3S_3$	$4 \times S_1S_1S_3S_4$	$1 \times S_1S_1S_4S_4$
$4 \times S_1S_2$	$4 \times S_1S_2S_3S_3$	$16 \times S_1S_2S_3S_4$	$4 \times S_1S_2S_4S_4$
$1 \times S_2S_2$	$1 \times S_2S_2S_3S_3$	$4 \times S_2S_2S_3S_4$	$1 \times S_2S_2S_4S_4$

9 verschiedene Paarungsmöglichkeiten der S-Allele können demnach erwartet werden. Die verschiedenen Typen treten dabei mit folgender Häufigkeit auf:

$$4 \times 1 \text{ diallele} + 4 \times 4 \text{ triallele} + 1 \times 16 \text{ tetraallele} = 36$$

Diese 36×36 möglichen F_1-Geschwisterpaarungen liefern folgendes Fertilitätsverhältnis (Tab. 26).

Von den 1296 Paarungsmöglichkeiten ist — in der Tabelle 26 durch die angekreuzten Karos angedeutet — der überwiegend größere Teil kreuzungssteril, nämlich 1092. Das entspricht einer Kreuzungsfertilität von 16%. Der Unterschied dieser von der 75%igen Kreuzungsfertilität der vergleichbaren diploiden Aufspaltung ist also beträchtlich. Auch unter natürlichen Verhältnissen werden in einer tetraploiden Population diese Prozente nicht durch einen Pollenmehraufwand ausgeglichen werden können; es finden ja ca. 84% des zur Bestäubung gelangenden Pollens keine Befruchtungsmöglichkeit.

Auf eine Besonderheit ist noch hinzuweisen. Unterscheiden sich 2 diploide Kreuzungspartner nur in 3 S-Allelen (S_1S_2♀$\times S_1S_3$♂), so werden 50% des zur Bestäubung gelangenden Pollens keine Befruchtungsmöglichkeit erhalten

TABELLE 26.

Parungsmöglichkeiten der 9 in der F_1 aufgetretenen S-Allelkombinationen

♀ \ ♂	1× S_1S_1 S_3S_3	4× S_1S_1 S_3S_4	1× S_1S_1 S_4S_4	4× S_1S_2 S_3S_3	16× S_1S_2 S_3S_4	4× S_1S_2 S_4S_4	1× S_2S_2 S_3S_3	4× S_2S_2 S_3S_4	1× S_2S_2 S_4S_4
1× $S_1S_1S_3S_3$	×	×	1,0	×	1,0	1,0	1,0	1,0	1,0
4× $S_1S_1S_3S_4$	×	×	×	×	×	×	1,0	1,0	1,0
1× $S_1S_1S_4S_4$	1,0	×	×	1,0	1,0	×	1,0	1,0	1,0
4× $S_1S_2S_3S_3$	×	×	1,0	×	×	1,0	×	×	1,0
16× $S_1S_2S_3S_4$	+	+	+	+	+	+	+	+	+
4× $S_1S_2S_4S_4$	1,0	×	×	1,0	×	×	1,0	×	×
1× $S_2S_2S_3S_3$	1,0	1,0	1,0	×	1,0	1,0	×	×	1,0
4× $S_2S_2S_3S_4$	1,0	1,0	1,0	×	×	×	×	×	×
1× $S_2S_2S_4S_4$	1,0	1,0	1,0	1,0	1,0	×	1,0	×	×

(abgesehen von der Pollenmenge, die durch Selbstbestäubung auf die Narbe gebracht wird). Von dem Pollenkorn, das vom Vater das Allel S_1 erhält, wird im mütterlichen Griffelgewebe kein normales Pollenschlauchwachstum zu erwarten sein. Das im Griffelgewebe vorhandene S_1-Allel verhindert es. Nur das Pollenkorn mit dem S_3-Allel wird zur Befruchtung gelangen können. Die gesamte, vom väterlichen Kreuzungspartner erzeugte Pollenmenge teilt sich in 50% mit dem S_1-Allel und 50% mit dem S_3-Allel.

Wenn auf die Narben jeweils nur 1 Pollenkorn gelangt, wird der Samenansatz in dem hier besprochenen Fall auf die Hälfte reduziert werden. Da unter natürlichen Verhältnissen auf eine einzige Narbe immer eine größere Anzahl Pollenkörner gelangt, wird der Samenansatz am mütterlichen Kreuzungspartner nicht beeinträchtigt.

Bei Tetraploiden können 50% und weniger befruchtungsuntaugliche Pollenkörner auftreten. Die tetraploide Kreuzung ($S_1S_1S_2S_2 \times S_1S_1S_3S_3 = {}^1/_6\, S_1S_1 + {}^4/_6\, S_1S_3 + {}^1/_6\, S_3S_3$), in der ebenfalls 3 S-Allele differieren, bringt z. B. nur 16,7% befruchtungsfähigen Pollen hervor. Es sei hier bereits vorweggenommen, daß auf Grund der Chromatiden-Spaltung im Extrem sogar nur ca. 4% befruchtungsfähige Pollenkörner entstehen können. Es ist anzunehmen, daß sich solche geringen Prozente auf das Befruchtungsverhältnis schon auswirken, denn wenn z. B. nur ${}^1/_6$ der auf die Narbe gebrachten Pollenmenge zur Befruchtung gelangt, kann damit gerechnet werden, daß bei geringem Pollenangebot eine starke Fertilitätsverminderung auftritt. In der Tab. 26 ist jedoch zwischen den Paarungen mit hohem und niedrigem Anteil befruchtungsfähigen Pollens kein Unterschied gemacht worden (in den Karos durch die Zahl 1,0 zum Ausdruck gebracht).

Weiter ist aus der Tab. 26 zu entnehmen, daß bei freier Bestäubungsmöglichkeit — und das ist gegenüber den Diploiden ein Novum — ca. 44% tetraploide Pflanzen ohne Samenansatz auftreten (mit Kreuzen versehene Karos).

Die von mir an Weiß- und Schwedenklee in dieser Hinsicht erhaltenen Ergebnisse weichen aber von den theoretischen Werten ab. Sie stimmen nur dann recht gut überein, wenn die Auswirkungen der Chromatiden-Spaltung mit berücksichtigt werden. Auf Grund der Untersuchungen von BREWBAKER (1955) kann gezeigt werden, daß das S-Allel nicht direkt am Centromer liegt (BREWBAKER gibt 22%-Einheiten Abstand an). Es muß deshalb mit einer teilweisen Chromatiden-Spaltung gerechnet werden. Unter Berücksichtigung dieser erhält man 4_n-F_1-Geschwister mit folgenden Allelkombinationen (Tab. 27).

TABELLE 27

Mögliche S-Allelkombinationen

aus der Kreuzung $S_1S_1S_2S_2 \times S_3S_3S_4S_4$

♀ \ ♂	$3 \times S_3S_3$	$8 \times S_3S_4$	$3 \times S_4S_4$	
$3 \times S_1S_1$	$9 \times S_1S_1S_3S_3$	$24 \times S_1S_1S_3S_4$	$9 \times S_1S_1S_4S_4$	F_1-Pflz.
$8 \times S_1S_2$	$24 \times S_1S_2S_3S_3$	$64 \times S_1S_2S_3S_4$	$24 \times S_1S_2S_4S_4$	
$3 \times S_2S_2$	$9 \times S_2S_2S_3S_3$	$24 \times S_2S_2S_3S_4$	$9 \times S_2S_2S_4S_4$	

Die dabei möglichen 196×196 Geschwisterpaarungen liefern das aus Tab. 28 ersichtliche Fertilitätsverhältnis. Werden die sterilen den fertilen Paarungen in Tab. 16 gegenübergestellt, so erhält man ca. 66% kreuzungsfertile Kombinationen. Der Prozentsatz fertiler Paarungen ist allgemein bei Chromatiden-Spaltung höher als bei normaler (66% gegenüber 16%).

Es wurde bereits darauf hingewiesen, daß ein geringer Anteil befruchtungsfähigen Pollens den Samenansatz vermindert. Nach den bisher von uns unter natürlichen Bedingungen gemachten Beobachtungen muß mit einem auf ⅓ verminderten Samenansatz gerechnet werden, wenn der zur Bestäubung verwandte Pollen nur zu ca. 4% befruchtungsfähig ist (in den Karos der Tab. 28 mit 0,3 bewertet).

Hinzuzufügen ist noch, daß bei freier Bestäubungsmöglichkeit ca. 33% der Pflanzen keinen Samen ansetzen werden (in Tab. 28 durch Kreuze in den Karos angemerkt), ohne Chromatiden-Spaltung aber 44%.

Untersuchungen aus neuerer Zeit (BREWBAKER 1955 und LEWIS 1954) weisen darauf hin, daß die Befruchtungsverhältnisse Tetraploider stark durch Dominanz und Rezessivität der S-Allele untereinander verändert werden können. Beispielsweise vermag ein Teil der Pollenschläuche (mehr als 4%!) des männlichen Kreuzungspartners $S_4S_4S_1S_2$ ungehindert im Griffelgewebe

TABELLE 28

Paarungsmöglichkeiten der 9 in der F_1 aufgetretenen, hinsichtlich ihrer S-Allele unterschiedlichen Geschwister (196×196 mögliche Kombinationen)

♀ \ ♂	9× S_1S_1 S_3S_3	24× S_1S_1 S_3S_4	9× S_1S_1 S_4S_4	24× S_1S_2 S_3S_3	64× S_1S_2 S_3S_4	24× S_1S_2 S_4S_4	9× S_2S_2 S_3S_3	24× S_2S_2 S_3S_4	9× S_2S_2 S_4S_4
9× $S_1S_1S_3S_3$	×	0,3	1,0	0,3	1,0	1,0	1,0	1,0	1,0
24× $S_1S_1S_3S_4$	×	×	×	0,3	0,3	0,3	1,0	1,0	1,0
9× $S_1S_1S_4S_4$	1,0	0,3	×	1,0	1,0	0,3	1,0	1,0	1,0
24× $S_1S_2S_3S_3$	×	0,3	1,0	×	0,3	1,0	×	0,3	1,0
64× $S_1S_2S_3S_4$	+	+	+	+	+	+	+	+	+
24× $S_1S_2S_4S_4$	1,0	0,3	×	1,0	0,3	×	1,0	0,3	×
9× $S_2S_2S_3S_3$	1,0	1,0	1,0	0,3	1,0	1,0	×	0,3	1,0
24× $S_2S_2S_3S_4$	1,0	1,0	1,0	0,3	0,3	0,3	×	×	×
9× $S_2S_2S_4S_4$	1,0	1,0	1,0	1,0	1,0	0,3	1,0	0,3	×

eines mütterlichen Kreuzungspartners mit den S-Allelen $S_4S_4S_1S_1$ weiterzuwachsen; fast völlig gehemmt (nicht unter 4%) wird das Wachstum sämtlicher Pollenschläuche aber im Griffelgewebe eines mütterlichen Partners mit den S-Allelen $S_4S_4S_2S_2$. Die bereits im Pollenkorn vorhanden, über S_1 dominante Reaktion des S_2-Allels schaltet die hemmende Wirkung aus, die vom S_1-Allel des Griffelgewebes auf das S_1-Allel des Pollenkornes ausgeübt wird. Die Wirkung der S_4-Allele kann unberücksichtigt bleiben, wenn Dominanz des S_4-Allels über S_1 und S_2 angenommen wird. Ein Pollen mit der S-Allel-Kombination S_4S_1 oder S_4S_2 kommt dadurch für eine Befruchtung nicht in Frage.

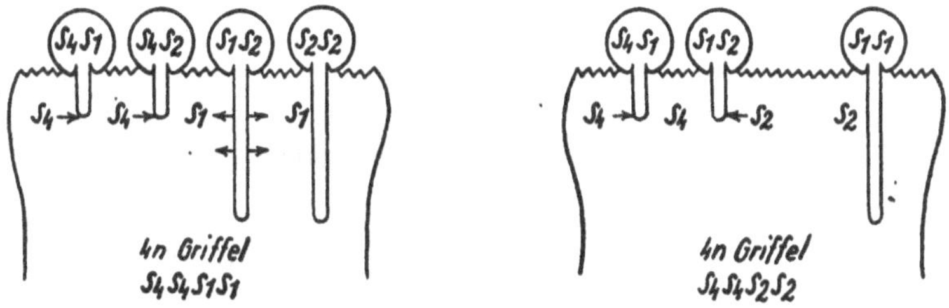

Figur 18

In der Fig. 18 ist das eben besprochene Fertilitätssystem schematisch dargestellt.

Im folgenden Beispiel soll eine kompliziertere dominante Wirkung von S-Allelen geschildert werden. Wird angenommen, daß die S-Allele S_1 und S_3

dominant über S_4 sind, dann vermögen die Gameten S_1S_4 und S_3S_4, die nur in diesem Allel (S_4) mit dem mütterlichen Partner differieren, keine Befruchtung zu erreichen (♀ $S_1S_1S_3S_3 \times S_1S_1S_3S_4$ ♂). Andererseits würde nach den Beobachtungen von BREWBAKER (1955) an Weißklee nach der Paarung $S_1S_2S_3S_3 \times S_1S_2S_3S_4$ eine Befruchtung erfolgen, wenn die Annahme einer Dominanz von S_4 über S_2 vorliegt. An umfangreichem Material hat BREWBAKER gezeigt, daß in seinen Kreuzungen die 4 S-Allele S_5, S_6, S_7 und S_8 hinsichtlich der Dominanz keine linearen Beziehungen zueinander aufweisen. Die Dominanz der 4 Allele untereinander wird in folgender Fig. 19 dargestellt:

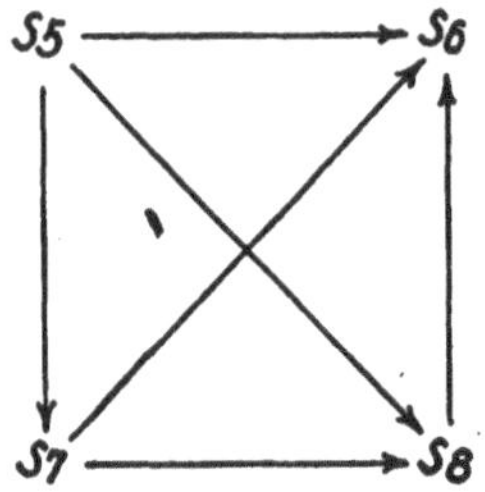

Figur 19

Die in der Tab. 28 in Zahlen angegebenen kreuzungsfertilen und -sterilen Paarungen würden unter Berücksichtigung der Dominanzverhältnisse eine Veränderung ihrer Fertilität erfahren. Bei bestimmten Fragestellungen wird es daher notwendig sein, die Dominanzverhältnisse zu berücksichtigen.

Ein weiterer Punkt, in dem die Fertilitätsverhältnisse der diploiden Pflanzen sich grundsätzlich von denen der tetraploiden unterscheiden, ist das Auftreten von Selbstfertilen bei letzteren. Von CRANE (1939) wird erstmalig an *Pyrus communis* durch Chromosomenverdoppelung Selbstfertilität erhalten. Gleiche Beobachtungen werden unabhängig voneinander von STRAUB (1941) an *Antirrhinum molle* und *A. glutinosum* sowie von STOUT (1941/42) an *Petunia axillaris* gemacht. Eine Erklärung ist von STRAUB (1941) und LEWIS (1942) in der Weise gegeben worden, daß in einem diploiden Pollenkorn mit 2 verschiedenen Sterilitätsallelen die Wirkung dieser beiden S-Gene gegenseitig kompensiert werden kann. Auf Grund dessen besteht die Möglichkeit, daß der Pollenschlauch auch in S-Gen-gleichen Griffeln die Samenanlage erreicht.

Von LEWIS (1954) wird dieses Phänomen der gegenseitigen Wechselwirkung von 2 S-Allelen im Pollenkorn als „competitive interaction" bezeichnet. BREWBAKER verwendet dafür die Bezeichnung „competition"-Typ. Letztere soll in den vorliegenden Ausführungen verwendet werden.

Das Auftreten nur selbstfertiler Nachkommen nach Inzucht von selbstfertilen Pflanzen kann auf folgende Weise verständlich gemacht werden (Tab. 29):

TABELLE 29

Selbstung einer Pflanze mit den S-Allelen $S_1S_1S_2S_2$

♀ \ ♂	$1\times S_1S_1$	$4\times S_1S_2$*)	$1\times S_2S_2$
$1\times S_1S_1$	0	SF	0
$4\times S_1S_2$*)	0	SF	0
$1\times S_2S_2$	0	SF	0

*) „competition"-Pollenklasse alle SF (selbstfertil)

Da immer eine größere Anzahl Pollenkörner auf die zu befruchtende Narbe gelangt, wird sich der befruchtungsuntaugliche Pollen, der nicht vom „competition"-Typ S_1S_2 ist, in der Fertilität nicht sonderlich bemerkbar machen (wie es vielleicht zahlenmäßig den Anschein hat.) In dem Spaltungsschema (Tab. 29) haben 16 Pflanzen die S-Allelkombination $S_1S_1S_2S_2$ und 8 die S-Allelkombination $S_1S_1S_1S_2$ bzw. $S_1S_2S_2S_2$. Die Pflanzen mit der S-Allelkombination $S_1S_1S_1S_2$ bzw. $S_1S_2S_2S_2$ werden zu 50% Pollenkörner vom „competition"-Typ S_1S_2 liefern, die $S_1S_1S_2S_2$-Pflanzen 67%. Auf diese Weise ist erklärlich, daß auch in späteren Inzuchtgenerationen keine selbststerilen Pflanzen nach Selbstungen herausspalten. 2 selbstfertile, mit 2 differierenden „competition"-Pollenklassen (z. B. S_1S_2 und S_3S_4) ausgestattete Pflanzen liefern nach Kreuzung folgendes Spaltungsverhältnis (Tab. 30).

TABELLE 30

♀ \ ♂	$1\times S_3S_3$	$4\times S_3S_4$	$1\times S_4S_4$	
$1\times S_1S_1$	SS	SF	SS	
$4\times S_1S_2$	SF	SF	SF	32:4 SS:SF = 8:1
$1\times S_2S_2$	SS	SF	SS	

S_1S_2 und S_3S_4 vom „competition"-Typ

Pflanzen mit einer der „competition"-Pollenklassen S_1S_2 oder S_3S_4 werden nach Selbstung Samen ansetzen. Die 4 Pflanzen mit der S-Allelkombination $S_1S_1S_3S_3$, $S_2S_2S_3S_3$, $S_1S_1S_4S_4$ und $S_2S_2S_4S_4$ können jedoch keine der 2 „competition"-Pollenklassen bilden und rufen daher auch keine Selbstfertilität hervor.

Aus der Kreuzung zweier selbstfertiler Weißkleepflanzen kann beispielsweise nur dann ein brauchbares Spaltungsverhältnis erzielt werden, wenn eine Selbstbestäubung unterbunden wird.

Das Schema für die Kreuzung einer selbststerilen mit einer selbstfertilen 4n-Pflanze würde nach BREWBAKER folgendermaßen aussehen (Tab. 31).

TABELLE 31

♀ \ ♂	$1\times S_1S_1$	$4\times S_1S_2$*)	$1\times S_2S_2$
$1\times S_5S_5$	SS	SF	SS
$4\times S_5S_6$	SS	SF	SS
$1\times S_6S_6$	SS	SF	SS

*) vom „competition"-Typ SS:SF = 1:2

Das Verhältnis von selbststerilen (SS) zu selbstfertilen (SF) Pflanzen beträgt also 12:24.

Treten in Nachkommenschaften, die von Kreuzungen zweier selbststeriler Pflanzen stammen, zum Teil selbstfertile auf, so muß angenommen werden, daß sich 2 S-Allele zu einer „competition"-Pollenklasse neu verbunden haben. Das Spaltungsschema dafür ist in Tab. 32 angegeben.

Eine weitere Möglichkeit zur Veränderung des Verhältnisses zwischen selbststerilen und selbstfertilen Pflanzen innerhalb einer Spaltungspopulation

TABELLE 32

♀ \ ♂	$1 \times S_5S_5$	$4 \times S_5S_6$	$1 \times S_6S_6$
$1 \times S_8S_8$	SS	S(+)	S(+)
$4 \times S_8S_9$	SF	SF	SS(+)
$1 \times S_9S_9$	SF	SF	SS

S_5 u. S_9 Allele bilden eine „competition"-Pollenklasse SS:SF = 11:25

wäre durch Hinzukommen einer zweiten „competition"-Pollenklasse gegeben. Können sich außer den S_5- und S_9-Allelen auch die in der Tab. 32 aufgeführten S_6- und S_8-Allele zu einer „competition"-Pollenklasse vereinen [(+) in Tab. 32], so werden nur noch die S-Allelkombinationen $S_8S_8S_5S_5$ und $S_9S_9S_6S_6$ selbststerile Pflanzen ergeben (2/36).

Nach den Untersuchungen von BREWBAKER (1954) werden die Spaltungsverhältnisse durch die Chromatidenspaltung kaum beeinflußt. In den Arbeiten des gleichen Autors von 1955 wird den S-Allelen — wie bereits gesagt — ein Abstand von 22 Einheiten vom Centromer zugesprochen. Die eben angeführten Spaltungsverhältnisse dürften nach den letzteren Angaben des Autors in den genannten Werten nur sehr selten zu erwarten sein.

Die Anzahl selbstfertiler Pflanzen innerhalb einer Art, die an der 4n–C_0, also der behandelten Generation bestimmt wird, beträgt nach den Untersuchungen von BREWBAKER (1953/54) bei *Trifolium hybridum* 2 von 15, bei *Tr. repens* 3 von 11, in eigenen Versuchen mit C_0-Rot-, -Weiß- und -Schwedenklee ca. 20%. An 6 geselbsteten 4n–C_0-Pflanzen von *Trifolium nigrescens* kann BREWBAKER (1955) keine Selbstfertilen beobachten.

Der Prozentsatz selbstfertiler Pflanzen einer 4n–C_0-Generation wird von vornherein sehr unterschiedlich ausfallen, da es nicht gleichgültig ist, ob mit einer 4n–C_0-F_1-Geschwisterpopulation oder mit einer natürlichen gearbeitet wird. Die Zahl der differierenden Allele ist in einer natürlichen Population von Pflanze zu Pflanze ja wesentlich höher als in einer F_1-Geschwisterpopulation mit nur 4 differierenden S-Allelen. Die Wahrscheinlichkeit, bereits in der 4n–C_0-Generation selbstfertile Pflanzen zu finden, wird bei der Colchicinbehandlung von aus natürlichen Beständen stammendem Saatgut größer sein.

Es wurde schon darauf hingewiesen, daß in einer natürlichen diploiden Population entsprechend der Zahl differierender S-Allele die Zahl kreuzungssteriler Paarungen variieren kann. Bei Vorhandensein von 4 verschiedenen Sterilitätsallelen wurden 6 verschiedene S-Allelkombinationen erhalten (S_1S_2, S_1S_3 bis S_3S_4). Von den sich daraus ergebenden 36 möglichen Paarungen waren $^1/_6 = 16{,}67\%$ kreuzungssteril. Differieren nur 2 S-Allele, erhalten wir 100% kreuzungssteriler Paarungen, differieren 3 S-Allele 33,3%. In der Figur 20 ist die in einer Population vorhandene Zahl der S-Allele zu den Prozenten der sterilen Paarungen in Beziehung gesetzt worden.

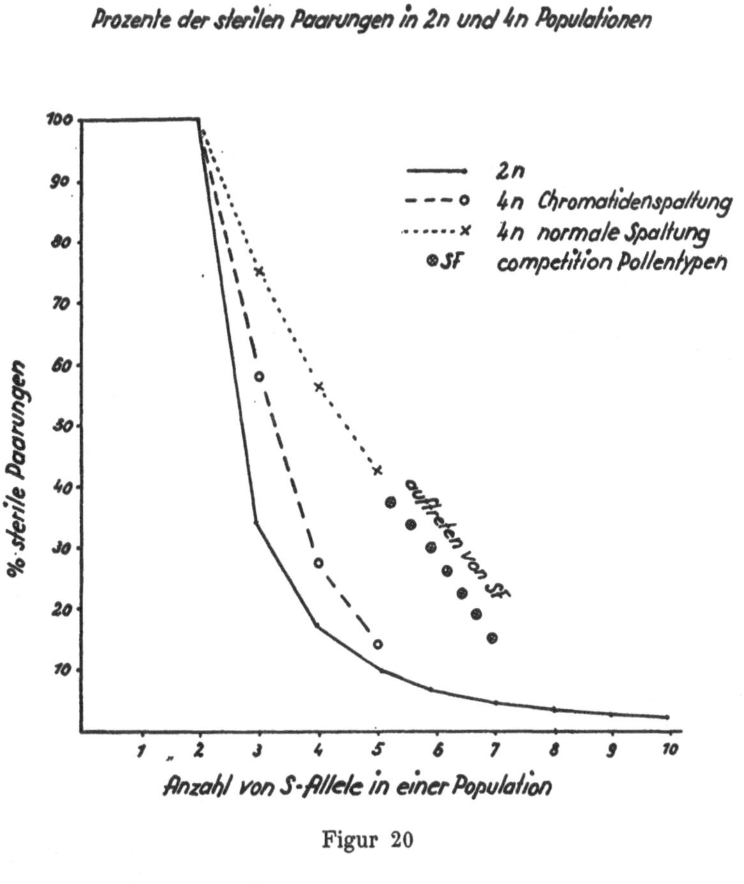

Figur 20

Vergleicht man damit die „natürliche" tetraploide Population und setzt voraus, daß die Allele von S_1 bis S_3 keine „competition"-Pollenklassen untereinander zu bilden vermögen, so erhalten wir folgende kreuzungssterile Paarungen für 3 differierende S-Allele (Tab. 33):

TABELLE 33

4n Population mit 3 differierenden S-Allelen

♀ \ ♂	1122	1123	1133	1223	1233	2233
1122	× +	+		+		
1123	× +	× +	× +	× +	× +	× +
1333		+	× +		+	
1223	× +	× +	× +	× +	× +	× +
1233	× +	× +	× +	× +	× +	× +
2233				+	+	× +

normale Spaltung = 75% sterile (+) } Paarungen
Chromatiden-Spaltung = 58,3% sterile (×) }

Es treten 75% sterile Paarungen auf, bei der vergleichbaren diploiden Population dagegen nur 33%. Wird der Bedeutung entsprechend die Chromatiden-Spaltung der Tetraploiden berücksichtigt, dann treten bei 3 differierenden Allelen 58,3% sterile Paarungen auf, für 4 differierende S-Allele werden 19 verschiedene S-Allelkombinationen erhalten: 1122, 1123, 1124, 1133, 1134, 1144, 1223, 1224, 1233, 1234, 1244, 1334, 1344, 2233, 2234, 2244, 2334, 2344, 3344.

Wie bereits ausgeführt, erhalten wir in einer tetraploiden Population, in der 3 S-Allele differieren, bei normaler Spaltung 75% kreuzungssterile Paarungen, bei Chromatiden-Spaltung 58,3%. Aus den Kurven der Fig. 20 sind außerdem die Prozente der sterilen Paarungen für 3, 4 und 5 differierende S-Allele zu entnehmen.

Durch das Auftreten von „competition"-Pollentypen in tetraploiden Populationen wird der Prozentsatz kreuzungssteriler Paarungen nicht mehr dem in der Fig. 20 angegebenen entsprechen, sondern stark abnehmen. Nur bei Vorhandensein von wenigen differierenden S-Allelen besteht die Möglichkeit, daß zufällig keine der in der Population vorhandenen S-Allele einen „competition"-Typ zu bilden vermögen. Außerdem kann durch die Dominanzverhältnisse der S-Allele untereinander der Prozentsatz an kreuzungssterilen Paarungen eine Veränderung erfahren.

Ist die Anzahl der S-Allele in einer di- und einer tetraploiden Population gleich, wird zugunsten der letzteren die Anzahl der möglichen S-Allel-Kombinationen wesentlich höher sein. Wird angenommen (Tab. 34), daß in verschiedenen Populationen die Zahl der S-Allele von 3 bis 6 ansteigt, ergeben sich die aus den Spalten 2 und 3 ersichtlichen, möglichen 2n- und 4n-S-Allel-kombinationen.

TABELLE 34

Diff. Allele in der Population	2n-Komb.-Möglichkeiten	4n-Komb.-Möglichkeiten
3	3	6
4	6	19
5	10	45
6	15	90

Aus der Tab. 35 ist ersichtlich, welchen Einfluß eine Zunahme an differierenden S-Allelen in einer Population auf die einzelne Pflanze derselben ausübt.

Differieren beispielsweise 3 S-Allele in einer Population, sind folgende 6 S-Allel-Kombinationen in den Pflanzen zu erwarten:

1122, 1123, 1133, 1223, 1233 und 2233.

Von diesen 6 möglichen Kombinationen unterscheiden sich 3 in 2 und die anderen 3 in 3 S-Allelen.

TABELLE 35

Diff.-Allele in der Population	Diff. Allele pro Pflanze			(ohne Chromatiden-Spaltung) %		
	2	3	4	2	3	4
3	3	3		50	50	
4	6	12	1	32	63	5
5	10	31	4	22	69	9
6	15	60	15	17	66	17

Aus der Tab. 35 ist zu entnehmen, daß mit steigender Zahl an S-Allelen in den Populationen der Prozentsatz der Pflanzen mit 4 verschiedenen S-Allelen steigt.

Abschließend sei hier betont, daß dieser Selbststerilitätsmechanismus in den seltensten Fällen hundertprozentig funktioniert. Im wesentlichen lassen sich zwei Ursachen dafür verantwortlich machen. Erstens kann dadurch, daß die S-Allele eine Mutationsrate besitzen, blüteneigener Pollen zur Befruchtung gelangen und zweitens kann durch Temperatureinflüsse und Reifezustand der Selbststerilitätsmechanismus durchbrochen werden. Untersuchungen in dieser Richtung liegen von PANDEY (1956) vor.

b) Heterostylie

Die Fertilitätsverhältnisse heterostyler Pflanzen werden genetisch auf andere Weise gesteuert. Der größte Teil der di- und trimorphen Heterostylen ist selbststeril. Die Dimorphen werden nach BATESON und GREGORY (1905) durch ein einfaches Allelpaar (Aa) kontrolliert, wobei den Kurzgrifflern die genetische Konstitution Aa, den Langgrifflern aa zugeschrieben wird. Die Wirkungsweise der Allele A und a ist dabei als pleiotrop aufzufassen. Einmal wird durch die Anwesenheit des Allels die Befruchtung gelenkt, zum anderen wird das Längenwachstum des Griffels gesteuert. Bei einigen Arten kann außerdem die Höhe der Antheren, die Pollengröße und -form verändert sein. Allerdings werden noch zusätzlich Nebengene für diese morphologischen Merkmalsabweichungen verantwortlich gemacht (vgl. LEWIS 1954).

Die Selbststerilität der diploiden Heterostylen ist im allgemeinen durch Wachstumshemmung des Pollenschlauches im Leitgewebe des Griffels oder bereits im Narbenkopf bedingt. STRASSBURGER beobachtete schon 1886 diesen Vorgang an *Lythrum*.

Aus neueren Untersuchungen von SCHOCH-BODMER zitiert nach ESSER (1953) geht hervor, daß bereits im Sporophyt bestimmt wird, ob das Wachstum des Pollenschlauches gehemmt wird oder nicht. Das steht im Gegensatz zu den gametophytisch kontrollierten Fertilitätsverhältnissen, bei denen allein die Allele des Gametophyten (Pollen) darüber entscheiden, ob das Pollenschlauchwachstum auf der Narbe gehemmt wird oder nicht.

Zwischen di- und tetraploidem Buchweizen sind von ESSER (1953) vergleichende Untersuchungen hinsichtlich der Vererbung der Griffel- und Staubblattlängen durchgeführt worden. Den folgenden Ausführungen sind im wesentlichen die Ergebnisse seiner Untersuchungen zugrunde gelegt worden.

Der Kurzgriffler mit den Genen A und a ist heterozygot, der Langgriffler mit der genetischen Konstitution aa ist homozygot. Die Hälfte des gebildeten, von kurzgriffligen Pflanzen stammenden Pollens, der die genetische Konstitution a besitzt, ist zusätzlich nach A determiniert und unterscheidet sich somit physiologisch von der gesamten Pollenmenge der Langgriffler, die gleichfalls genetisch a besitzt.

Die tetraploiden, kurzgriffligen Pflanzen besitzen die Gene AAaa. Die dazugehörigen Pollen werden die Gene AA, Aa und aa besitzen, sie werden aber physiologisch alle nach A determiniert sein. Der tetraploide Langgriffler trägt die Gene aaaa. Die Pollen der Langgriffler besitzen die Gene aa. Die physiologische Reaktion dieses Pollens entspricht gleichfalls dem aaaa-Genotyp entgegen den aa-Pollen des Kurzgrifflers.

Durch Bestäubung eines aaaa-Langgrifflers mit Aa-Pollen eines tetraploiden Kurzgrifflers ist theoretisch ein Kurzgriffler mit den Allelen Aaaa zu erwarten. Besitzt das Allel A aber nicht eine völlige Dominanz über a, so besteht die Möglichkeit des Auftretens von homomorphen Pflanzen neben Lang- und Kurzgrifflern. Die homomorphen Pflanzen können entweder lange Griffel und Antheren mit langen Filamenten oder kurze Griffel und kurze Filamente besitzen. Dagegen scheinen nach den bisherigen Beobachtungen bei Tetraploiden Homomorphe mit Mittelstellung hinsichtlich der Länge der Griffel und Filamente selten zu sein. Die homomorphen Pflanzen sind beiweitem nicht alle selbstfertil. Zum Beispiel beobachteten FROLOVA, SACHAROV und MANSUROVA (1946) in tetraploiden Buchweizen-Populationen kurz- und langgrifflige homomorphe Pflanzen, die völlig steril waren. In dem Pflanzenmaterial von ESSER (1953) werden homomorphe, selbstfertile „Langgriffler" gefunden. Der genannte Autor nimmt 2 Möglichkeiten für eine Bildung von Homomorphen an. Erstens — wie bereits ausgeführt — durch eine unvollständige dominante Wirkung des dominanten Allels A in den Aaaa-Pflanzen und zweitens, wie bereits MATHER (1950) annimmt, infolge Beeinflussung der Griffellänge durch Zusatzgene.

Zur Klärung dieses Fragenkomplexes müßten noch weitere Versuche folgen, da, wenn das Kurzgriffler-Gen A eine dominante Wirkung besitzt, sich auch zahlenmäßig Unterschiede in den tetraploiden Aufspaltungsergebnissen zwischen Kurz- und Langgrifflern feststellen lassen müßten. Ebenfalls einer weiteren Klärung bedarf die Frage nach der Lage der heterostyliebedingenden Gene zum Centromer. DOWRICK (1956) hat bereits einige Ergebnisse dazu veröffentlicht.

Bei einigen Arten kann trotz morphologischer Einheitlichkeit des Blütenbaues auch eine sporophytische Kontrolle der Fertilitätsverhältnisse beobachtet werden. In der Tab. 22 sind die Arten mit sporophytischer Kontrolle der Fertilitätsverhältnisse aufgeführt. Von GERSTEL (1950) werden die Allele, die die sporophytische Kontrolle der Fertilitätsverhältnisse ausüben, mit R bezeichnet, um sie von den gametophytisch kontrollierenden S-Allelen zu unterscheiden. Bei den Heterostylen waren es im wesentlichen zwei Allele, die die Kontrolle über die Fertilität ausübten, bei den homomorphen Arten, deren Fertilitätsverhältnisse sporophytisch kontrolliert werden, ist es in der Regel eine ganze Reihe von Allelen mit verschiedenen Dominanzgraden.

Anschließend soll ein Vergleich zwischen einer di- und tetraploiden Population unter der Annahme, daß 4 R-Allele mit unterschiedlichen Dominanzgraden auftreten, gezogen werden. Der Dominanzgrad für diese R-Allele sei

$$R_1 > R_2 > R_3 > R_4 .$$

Die Kreuzung der beiden Eltern mit den Allelen $R_1R_2 \times R_3R_4$ gibt in der F_1 die R-Allel-Kombination 1.3, 1.4, 2.3 und 2.4. Die Geschwisterpaarungen (in der Tab. 36 durch ein durchkreuztes Karo kenntlich gemacht) sind steril.

TABELLE 36

Geschwisterpaarungen mit 4 unterschiedlichen R-Allelen

(Dominanz von $R_1 > R_2 > R_3 > R_4$)

♂ / ♀	sporophytisch kontrollierter haploider Pollen			
	1.3	1.4	2.3	2.4
1.3	X	X		
1.4	X	X		
2.3			X	X
2.4			X	X

Aus der vergleichbaren tetraploiden Kreuzung ($R_1R_1R_2R_2 \times R_3R_3R_4R_4$) sind 9 R-Allel-Kombinationen mit unterschiedlicher Häufigkeit zu erwarten (Tab. 37).

TABELLE 37

Geschwisterpaarungen Tetraploider mit 4 unterschiedlichen R-Allelen

(Dominanz von $R_1 > R_2 > R_3 > R_4$)

♂ / ♀	sporophytisch kontrollierter diploider Pollen								
	1× 1.1.3.3	4× 1.2.3.3	1× 2.2.3.3	4× 1.1.3.4	16× 1.2.3.4	4× 2.2.3.4	1× 1.1.4.4	4× 1.2.4.4	1× 2.2.4.4
1×1.1.3.3	X	X		X	X		X	X	
4×1.2.3.3	X	X	X	X	X	X	X	X	X
1×2.2.3.3			X			X			X
4×1.1.3.4	X	X		X	X		X	X	
16×1.2.3.4	X	X	X	X	X	X	X	X	X
4×2.2.3.4			X			X			X
1×1.1.4.4	X	X		X	X	X	X	X	
4×1.2.4.4	X	X	X	X	X	X	X	X	X
1×2.2.4.4			X		X	X			X

Ein großer Teil der möglichen Paarungen dieser 9 genotypisch verschiedenen Geschwister untereinander ist steril (in der Tab. 37 durch durchkreuzte Karos kenntlich gemacht).

Die an tetraploiden Formen mit sporophytischer Fertilitätskontrolle gewonnenen Ergebnisse zeigen (vgl. LEWIS 1954), daß mit einer Selbstfertilität durch Bildung von „competition“-Pollenklassen wie bei der gametophytischen Kontrolle nicht zu rechnen ist.

Da auch bei den Rüben (*Beta vulgaris*) zum Teil sporophytische Kontrolle der Fertilitätsverhältnisse vorliegen soll (vgl. LEWIS 1954), bestünde nach geschickter Auswahl der Kreuzungspartner die Möglichkeit, systematisch in die Befruchtungsverhältnisse einzugreifen. Die Arbeiten von SEDLMAYR (1956) in Ungarn zeigen bereits sehr eindringlich, welche Bedeutung der Befruchtungslenkung im Zusammenhang mit der Heterosis besonders in der Rübenzüchtung zukommt.

Bei Rüben und einigen anderen Pflanzenarten besteht jedoch zusätzlich die Möglichkeit, daß durch plasmatisch bedingte Pollensterilität in Kombination mit Kerngenen Fertilitätsunterschiede zwischen Di- und vergleichbaren Tetraploiden auftreten (vgl. BANDLOW 1957). Genannter Autor zeigt, daß für das Zustandekommen vollständiger Pollensterilität bei Rüben außer dem Plasmafaktor (S) noch zwei komplementäre rezessive Kerngene (X und Z) notwendig sind. Eine pollensterile diploide Rübe besitzt demnach die Formel Sxxzz. In einem Rübenfeld treten die doppelt rezessiven Gene bisweilen mit dem normalen Plasma auf (Nxxzz). So berichtet z. B. KNAPP (vgl. BANDLOW), daß unter 43 Testkreuzungen (der Testelter besaß die Konstitution Sxxzz) zwei Nxxzz-Pflanzen auftraten. Der Plasmafaktor hatte dabei folgende Wirkung:

$$\text{Sxxzz} \times \text{Nxxzz} \rightarrow \text{Sxxzz}\,.$$

Die Kreuzung einer pollensterilen Pflanze mit einem Pollenspender, der die gewöhnlich verbreitete Konstitution, d. h. normales Plasma (N) und die dominanten Kerngene XXZZ besitzt, gibt Bastarde, die das Plasma S haben und hinsichtlich der Kerngene doppelt heterozygot sind (z. B. Sxxzz × NXXZZ → SXxZz). Diese Bastarde können auf Grund ihres mikroskopischen Pollenbildes als halb pollensteril angesprochen werden und entwickeln mehr oder weniger gut keimenden Pollen. Bei der Bestäubung dieser doppelt heterozygoten Bastarde untereinander tritt eine dihybride Spaltung auf (Tab. 38).

TABELLE 38

♀ \ ♂	SXxZz × SXxZz			
	XZ	Xz	xZ	xz
XZ	XXZZ			
Xz	XXZz			
xZ		XxZz		
xz			xxZz	xxzz

1 × Plasma S + 4 dom. Kerngene
4 × Plasma S + 3 dom. Kerngene
6 × Plasma S + 2 dom. Kerngene
4 × Plasma S + 1 dom. Kerngene
1 × Plasma S + 0 dom. Kerngene

Die vergleichbare tetraploide Spaltung würde folgende Spaltungszahlen liefern:

1 × Plasma S und 8 dominante Kerngene
16 × Plasma S und 7 dominante Kerngene
100 × Plasma S und 6 dominante Kerngene
304 × Plasma S und 5 dominante Kerngene
454 × Plasma S und 4 dominante Kerngene
304 × Plasma S und 3 dominante Kerngene
100 × Plasma S und 2 dominante Kerngene
16 × Plasma S und 1 dominante Kerngene
1 × Plasma S und 0 dominante Kerngene

Vergleicht man die beiden Spaltungspopulationen hinsichtlich ihres relativen Anteils an rezessiven, pollensterilitätsverursachenden Kerngenen, so ist kein Unterschied festzustellen. Zwischen Di- und Tetraploiden bleibt das gleiche Verhältnis der rezessiven Gene erhalten.

Pflanzen, die heterozygot für Pollensterilitätsgene sind, verhalten sich in ihrer Pollenbildung entgegen den homozygoten, dominanten sehr umweltlabil. Die aus einem relativ hohen Anteil heterozygoter Pflanzen zusammengesetzte tetraploide Population ist daher in ihrer Pollenproduktion wesentlich stärker umweltabhängig als die vergleichbare diploide. Wenn wir außerdem berücksichtigen, daß in einer natürlichen diploiden Population von 45 Pflanzen 2 die Kerngene doppelt rezessiv besitzen, dann kann unter bestimmten Voraussetzungen angenommen werden, daß in dieser Population noch zusätzlich 87% Pflanzen vorhanden sind, die ein rezessives Gen x oder z besitzen. Würde nun eine tetraploide Rübenpopulation errichtet, die hinsichtlich der pollensterilitätsbeeinflussenden Kerngene die gleiche Allelhäufigkeit wie die diploide besitzt und dazu wie bei der diploiden einen bestimmten Prozentsatz Pflanzen mit dem Pollensterilitätsplasma S, dann müßten ca. 99% der tetraploiden Pflanzen mindestens ein rezessives Kerngen besitzen. Ein höherer Prozentanteil Pflanzen mit rezessiven, die Pollenbildung beeinflussenden Genen wird aber nicht ohne Einfluß auf die Selbst- und Samenfertilität bleiben. Weitere Untersuchungen zur Aufklärung der wirksamen, Pollensterilität verursachenden Faktoren sind von SAVITSKY (1952) und DUVICK (1956) durchgeführt worden. Es ist zu hoffen, daß diese Untersuchungen auch Anhaltspunkte für die Klärung der Fertilitätsverhältnisse artifizieller Autotetraploider und deren eventuelle Nutzung in einem Heterosiszuchtschema liefern.

4. GESCHLECHTSVERHÄLTNISSE

Ein genetischer Vergleich zwischen di- und tetraploiden Populationen diözischer Arten ist von Interesse, weil hinsichtlich der Geschlechtsverhältnisse größere Unterschiede bestehen. Berücksichtigt man zunächst nur die aus Heterosomenkombinationen resultierenden unterschiedlichen Geschlechtsverhältnisse — gemeint ist der XY-Mechanismus — so werden durch Chromosomenverdoppelung von XX♀ und XY♂ tetraploide Individuen mit der Heterosomenkonstitution XXXX und XXYY entstehen. Die Reduktionsteilung wird einerseits nur wieder XX-Gameten liefern, andererseits wird das tetraploide Individuum Gameten mit den Chromosomen XX, XY und YY erzeugen. Daraus können Individuen entstehen, die die Heterochromosomenkonstitution XXXX, XXXY und XXYY besitzen. Zahlenmäßig würden bei der Kreuzung von XXXX♀ und XXYY♂ folgende Werte zu erhalten sein (Tab. 39):

TABELLE 39

♀ \ ♂	1×XX	4×XY	1×YY
6×XX	6×XXXX	24×XXXY	6×XXYY

Aus diesen Zahlenverhältnissen geht hervor, daß der im diploiden Zustand wohl ausgewogene geschlechtsbestimmende Mechanismus durch die Tetraploidie aus dem Gleichgewicht gerät. Stellt doch der diploide Vorgang praktisch eine dauernde Rückkreuzung dar, bei der die X-Gameten weiblich-, die Y-Gameten männlichbestimmend wirken und wobei Y über X völlig dominant ist. Vergleicht man im Zusammenhang hiermit die in der Tab. 40 von WESTERGAARD (1953) wiedergegebenen Chromosomenkonstitutionen von Melandrium und Drosophila in tetra- und aneuploider Form, so sind die Ergebnisse doch recht verschiedenartig. Während bei *Drosophila* das Verhältnis von X-Chromosomen zu Autosomen entscheidend für die Geschlechterbildung ist, kann für Melandrium gezeigt werden, daß das Verhältnis von X-Chromosomen zu Autosomen keine große Rolle spielt. Das Geschlecht wird bei *Melandrium* durch das Vorhandensein oder Nichtvorhandensein eines Y-Chromosoms bestimmt.

TABELLE 40

Die Beziehungen zwischen Chromosomenkonstitution und Geschlecht bei *Melandrium* und *Drosophila*

Melandrium nach WARMKE (1946) und WESTERGAARD (1940)
Drosophila nach BRIDGES aus HARTMANN 1953
Die mit x bezeichneten *Melandrium*-Typen sind nur in den Kulturen von WARMKE erschienen.
(nach WESTERGAARD 1953)

	Chromosomen-konstitution	*Melandrium*	*Drosophila*
1	2 A + XX	♀	♀
2	2 A + XXX	x♀	♀·
3	3 A + X	—	♂
4	3 A + XX	♀	⚥
5	3 A + XXX	♀	♀
6	4 A + XX	x♀	♂
7	4 A + XXX	x♀	⚥
8	4 A + XXXX	♀	♀
9	4 A + XXXXX	x♀	—
10	1 A + XY	♂	♂
11	2 A + XYY	x♂	♂
12	2 A + XXY	x♂	♀
13	2 A + XXYY	—	♀
14	3 A + XY	x♂	—
15	3 A + XXY	♂	⚥
16	3 A + XXXY	x♂	♀
17	4 A + XY	x♂	—
18	4 A + XXY	♂	—
19	4 A + XXYY	♂	—
20	4 A + XXXY	♂	—
21	4 A + XXXYY	x♂	—
22	4 A + XXXXY	♂→⚥	—
23	4 A + XXXXYY	x♂	—

Da die *Drosophila*-Individuen mit den XXXY-Chromosomen sterile Intersexe sind, wurde vermutet (vgl. WESTERGAARD), daß bei anderen Tierarten mit XY-Geschlechtsmechanismus die XXXY-Tiere ebenfalls steril sind. Aus einer Nachkommenschaft der Paarung XXXX-Weibchen×XXYY-Männchen sind aber $^4/_6$ XXXY-Tiere zu erwarten. Deshalb ist der Anteil an fortpflanzungsfähigen Individuen in 4n-Populationen zu klein, um mit den diploiden Ausgangsformen konkurrieren zu können. Damit war zunächst eine Erklärung für das Fehlen von polyploiden Tierarten mit XY-Mechanismus gegeben. Durch die Untersuchungen an *Melandrium album* mußte dieser Annahme aber eine Allgemeingültigkeit abgesprochen werden.

Melandrium-Pflanzen der XXXY-Konstitution sind rein männlich und liefern Nachkommen, deren Geschlechter sich wie 1:1 verhalten (Tab. 41).

TABELLE 41

♀ \ ♂	3×XX	3×XY
6×XX	18♀	18♂

Eigene Beobachtungen (nicht veröffentlicht) an Spinat stimmen mit den *Melandrium*-Versuchen überein. Die XXXY-Individuen sind reine Männchen, es besteht daher zumindest bei einigen Diözisten die Möglichkeit einer polyploiden Evolution.

Wird nun auf Grund der Chiasmatypie-Theorie Chiasmatabildung auch zwischen Heterochromosomen angenommen, dürfen, wenn der Geschlechtsbestimmungsmechanismus normal funktionieren soll, keine geschlechtsentscheidenden Gene von dem einen Heterosom in das andere überkreuzen. Da aber nach der Chiasmatypie-Theorie eine Bildung von Bivalenten nur zustande kommt, wenn zwischen den beiden homologen Chromosomen mindestens ein Chiasma vorhanden ist, andererseits aber bei vielen diözischen Arten im zytologischen Bild die Bildung von Bivalenten beobachtet werden kann, muß angenommen werden, daß auch zwischen den X- und Y-Chromosomen Chiasmata auftreten. Durch die Annahme, daß die beiden Chromosomen X und Y homologe Segmente besitzen, in denen Überkreuzungen stattfinden können ohne geschlechtsentscheidende Gene aus differierenden Segmenten auszutauschen, wird die Frage aber gelöst. Tatsächlich konnte von WINGE (zitiert nach WESTERGAARD 1953) an *Melandrium* nachgewiesen werden, daß ein Gen für abnorme Blütenbildung sowohl X- als auch Y-gebundene Vererbung besitzt. Das Gen kann anscheinend ausgetauscht werden, da es in den homologen Segmenten der XY-Chromosomen liegt. Die in den nicht homologen X-Chromosomensegmenten vorhandenen „angustifolia" und „chlorina"-Gene zeigen dagegen rein X-gebundene Vererbung (WESTERGAARD 1953) und ein hemmendes Gen für Buntblättrigkeit wird nach WINGE (zitiert nach WESTERGAARD 1953) rein Y-gebunden vererbt.

WESTERGAARD hat durch umfangreiche Beobachtungen an Y-Chromosomen tetraploider *Melandrium*-Pflanzen feststellen können, daß auch der zum X-Chromosom nicht homologe Teil des Y-Chromosoms hinsichtlich seiner geschlechtsbeeinflussenden Wirkung unterteilt werden kann. Für jedes Segment des nicht homologen Teils des Y-Chromosoms konnte die Funktion bestimmt werden, die es bei der Geschlechtsbildung ausübt. Diese Funktionen wurden dadurch ermittelt, daß man die Geschlechtsausbildung der Pflanze mit dem im Y-Chromosom fehlenden Teilsegment verglich. Es ist erstaunlich, daß (nach WESTERGAARDs Angaben) alle 3 Pflanzentypen mit einem derartigen defekten Y-Chromosom in tetraploiden Populationen entstanden sind. Es entsteht m. E. dadurch der Verdacht, daß bei Tetraploiden der Austausch differenzieller Segmente der XY-Chromosomen relativ häufiger vorkommt als bei Diploiden.

Als Beispiel für eine Anzahl diözischer Arten mit zum Teil unterschiedlichem Geschlechtsmechanismus sei abschließend der Spinat (*Spinacia oleracea*) genannt.

Aus den Arbeiten von BEMIS und WILSON (1953), sowie JANICK und STEVENSON (1955) und ZOSCHKE (1956) geht hervor, daß die Vererbung des Geschlechts beim Spinat noch nicht endgültig geklärt ist. Den beiden erstgenannten Arbeiten ist zu entnehmen, daß die Geschlechtsausbildung des diözischen Spinats durch das Faktorenpaar XY erfolgt. Für die Entstehung des monözischen Spinats werden jedoch von den Autoren verschiedene Erklärungen gegeben. BEMIS und WILSON nehmen an, daß bei der Entstehung von Monözisten 2 gekoppelte, autosome Faktoren AG und deren Allele ag zusätzlich zu dem XY-Faktorenpaar wirksam sind (die hier angegebenen Faktoren AG sind nicht identisch mit dem von CORRENS und GOLDSCHMIDT angenommenen AG-Komplex). Bei normaler 1:1-Spaltung der Geschlechter ist nur der XY-Mechanismus wirksam, da die Gene AG unter sich wohl ausgewogen sind. Entsteht jedoch bei den Heterozygoten AG/ag ein cross-over, so daß die Gameten-Kombination XXAAGg zustandekommt, werden unter der Annahme, daß das Gen A in männlicher und das Gen G in weiblicher Richtung wirkt, Intersexe entstehen. BEMIS und WILSON entwickelten anhand der in Spaltungspopulationen erhaltenen Zahlenverhältnisse der Geschlechter ein Schema (Fig. 21), aus dem ersichtlich ist, bei welchem Genotyp die AG-Faktoren wirksam werden. Die in dem Schema mit „seg" bezeichneten Kombinationen werden hinsichtlich der geschlechtsbeeinflussenden Gene AG in der nächsten Generation wieder aufspalten. Dabei ist zu berücksichtigen, daß z. B. der Genotyp YY AG ag keine Spaltung, der Genotyp YY Aa Gg eine solche hervorbringt (nur wenn das Gen A mit G gekoppelt ist, wird ihre geschlechtsbeeinflussende Wirkung ausgeschaltet!). Vergleichbare tetraploide Spaltungspopulationen standen bei diesen Versuchen nicht zur Verfügung.

Figur 21. (nach BEMIS und WILSON 1953)

Spaltungs-Schema der möglichen Kombinationen

Gameten	X A-G	X A-g	X a-G	X a-g	
X A-G	XXAAGG ♀	XXAA Gg SEG ♀☿	XXAa GG SEG ♀	XXAa Gg ♀	
X A-g	XX AA Gg SEG ♀☿	XX AA gg ☿	XX Aa Gg SEG ♀	XX Aa gg SEG ♀☿	
X a-G	XX Aa GG SEG ♀	XX Aa Gg SEG ♀	XX aa GG SEG ♀	XX aa Gg SEG ♀	
X a-g	XX Aa Gg ♀	XX Aa gg SEG ♀☿	XX aa Gg SEG ♀	XX aa gg ♀	
X A-G	XY AA GG ♂	XY AA Gg SEG ♂	XY Aa GG SEG ♂☿	XY Aa Gg ♂	Y A-G
X A-g	XY AA Gg SEG ♂	XY AA gg SEG ♂	XY Aa Gg SEG ♂	XY Aa gg SEG ♂	Y A-g
X a-G	XY Aa GG SEG ♂☿	XY Aa Gg SEG ♂	XY aa GG SEG ☿	XY aa Gg SEG ♂☿	Y a-G
X a-g	XY Aa Gg ♂	XY Aa gg SEG ♂	XY aa Gg SEG ♂☿	XY aa gg ♂	Y a-g
	YY AA GG ♂	YY AA Gg SEG ♂	YY Aa GG SEG ♂ ☿ ♂	YY Aa Gg ♂	Y A-G
	YY AA Gg SEG ♂	YY AA gg SEG ♂	YY Aa Gg SEG ♂	YY Aa gg SEG ♂	Y A-g
	YY Aa GG SEG ♂ ☿ ♂	YY Aa Gg SEG ♂	YY aa GG ♂☿	YY aa Gg SEG ♂ ☿ ♂	Y a-G
	YY Aa Gg ♂	YY Aa gg SEG ♂	YY aa Gg SEG ♂ ☿ ♂	YY aa gg ♂	Y a-g
	Y A-G	Y A-g	Y a-G	Y a-g	Gameten

Figur 21

Nach der Hypothese von JANICK und STEVENSON wird unabhängig von dem XY-Faktorenpaar ein weiteres Allel Xm für das Auftreten von monözischem Spinat verantwortlich gemacht. Pflanzen ohne das Xm-Allel bilden in ihren Nachkommenschaften keine Zwitter. Der Xm-Faktor ist dominant über den X-Faktor, rezessiv gegenüber dem Y-Faktor. Im einzelnen können durch die Kombination dieser 3 Faktoren folgende Geschlechtstypen erhalten werden:

XX = Weibchen
XXm = Zwitter
XmXm = Zwitter (männlich)
XY = Männchen
XmY = Männchen

Die diploide Kreuzung mit den Faktoren XX × XmX bringt ein Geschlechtsverhältnis von 1:1 zwischen Weibchen und Zwittern, die diploide Selbstung eines Zwitters mit den Faktoren XmX ein Geschlechtsverhältnis von 1:3 (Tab. 42).

TABELLE 42

	Xm	X
Xm	XmXm	XmX
X	XmX	XX

Tetraploide Pflanzen mit der genetischen Konstitution XmXmXX werden nach Selbstung 35 mehr oder weniger weiblich bzw. männlich ausgerichtete Monözisten und eine rein weibliche Pflanze in der I_1 zeigen. Berücksichtigt man beim 4n-Spinat lediglich die Faktoren X und Y, so ist gleich den an Melandrium erhaltenen Ergebnissen bei der Kreuzung von ♀×♂ in der Nachkommenschaft ein Verhältnis von 1:5 (♀:♂) zu erwarten. In dieser Hinsicht decken sich die von JANICK (1955) erhaltenen Ergebnisse sehr gut mit eigenen Beobachtungen.

Zu erwähnen sind noch die Untersuchungen von ZOSCHKE (1956), denen leider auch das tetraploide Pflanzenmaterial fehlt. Sie zeigen, welchen Einfluß die Umwelt auf die Geschlechtsausprägung des diözischen und monözischen Spinats ausübt. Dem XY-Faktorenpaar wird bei der Geschlechterbildung eine untergeordnete Bedeutung zugesprochen. Es werden z. B. XX-Männchen und XY-Weibchen vermutet, wobei als Beweis für das Auftreten von XY-Weibchen der männliche Austrieb nach dem Ausgeizen dieser Weibchen angesehen wird. Ein Teil der in den Versuchen von ZOSCHKE aufgetretenen Spaltungszahlen kann m. E. mit der von JANICK und STEVENSON gegebenen Hypothese erklärt werden. Unter Annahme der Mutationen von X⟷Xm⟷Y wäre zu verstehen, weshalb in den monözischen Spinatpopulationen von ZOSCHKE auch nach mehrjähriger Selektion in dieser Richtung immer wieder weibliche und männliche Spinatpflanzen auftreten.

II. BESONDERHEITEN DER NATÜRLICHEN UND ARTIFIZIELLEN POLYPLOIDEN IN DER EVOLUTION

Nachdem der erste Teil dieser Arbeit vorwiegend der Besprechung genetischer Fragen tetraploider Pflanzen vorbehalten war, soll im zweiten versucht werden, die Bedeutung natürlicher und vor allem artifizieller Polyploider im Evolutionsgeschehen herauszustellen. Um diese aber beurteilen zu können, ergibt sich notwendigerweise ein Vergleich zu entsprechenden Diploiden, die also als Kontrolle bzw. Maßstab zu werten sind.[1])

Vorangestellt sei diesem Abschnitt eine kleine Übersicht über das Vorkommen von Polyploiden im Pflanzenreich. Einige polyploide Algen wurden von TISCHLER (vgl. STEBBINS 1951) gefunden, während bei den Pilzen die polyploide Form praktisch fehlt; unter den lebenden Gymnospermen sind ebenfalls noch keine beobachtet, auch die Reliktform des *Gingko* ist nicht polyploid. Der höchste Prozentsatz Polyploider ist unter den Angiospermen zu finden und da wiederum nehmen die dikotylen, mehrjährigen Kräuter eine führende Stellung ein. Geringer ist schon der Anteil einjähriger Pflanzen und am geringsten der der Holzpflanzen (STEBBINS 1951).

Die geographische Verbreitung der Polyploiden scheint nach einigen Ermittlungen gewissen Gesetzmäßigkeiten unterworfen zu sein. Es konnte ein relativ stärkerer Anteil Polyploider an der Gesamtzahl vorhandener Arten in temperaturextremen Gebieten (vor allem polaren) angegeben werden (häufig wird damit ein höherer züchterischer Wert der Tetraploiden gleichgesetzt). Durch die letzten Ermittlungen von TISCHLER (1955) kann tatsächlich einwandfrei belegt werden, daß der Anteil der Polyploiden nach Norden zu relativ ansteigt. Folgende Verteilung auf die beiden Klassen der Angiospermen kann der genannte Autor für die von ihm untersuchten Gebiete angeben (Tab. 43). Der Anteil an Monocotyledonen steigt umgekehrt proportional zur Temperatur der untersuchten Gebiete relativ schneller als der der Dikotyledonen. Das Ergebnis kann — wie TISCHLER gezeigt hat — durch Berücksichtigung einer Anzahl von Faktoren aber variiert werden.

---

[1]) Eingehende Erörterung fand die Polyploidie auf der „Konferenz über Polyploidie bei Pflanzen" in Moskau. Ein Bericht darüber wurde mir erst nach Abschluß dieser Schrift zugänglich (Sowjetwissenschaft — Nat. — Wiss. Beiträge 1959, H. 7, 763).

TABELLE 43

Diploid- und Polyploidgrad in Prozenten
(nach TISCHLER)

	Dikotyle		Monokotyle		Angiospermen	
	D	P	D	P	D	P
Kykladen	67,6	32,4	46,8	53,2	63	37
Rumänien	57,6	42,4	37,6	62,4	53,2	46,8
Ungarn	55,4	44,6	37,6	62,4	51,4	48,6
Centraleuropa	52,7	47,3	35,8	64,2	49,1	50,9
Schlesw.-Holstein	51,9	48,1	27,6	72,4	45,5	54,5
Schweden	50,7	49,3	27,3	72,7	43,1	56,9
Norrland	48,9	51,1	22	78	40,8	59,2
Groß-Britannien	52,1	47,9	31,5	68,5	46,7	53,3
Faröer	40,7	59,3	16,5	83,5	31,7	68,3
Island total	43,2	56,8	14	86	34,1	65,9
Island indigen	36,9	63,1	12,8	87,2	28,1	71,9
S. W. Grönland total	39,1	60,9	12,5	87,5	29	71
S. W. Grönland indigen	36,4	63,6	11	89	26	74
Spitzbergen	35	65	2,4	97,6	23,8	76,2

Zum Beispiel wird durch die bereits genannte weitere Unterteilung der Dikotyledonen in einjährige, mehrjährige, krautige und Holz-Pflanzen der Prozentsatz der Polyploiden in extremen Lagen stark verändert werden können, je nach der zum Vergleich kommenden Gruppe. KNAPP (1953) gelangte durch weitere ähnliche Unterteilungen hinsichtlich des Anteils an der Gesamtheit der Angiospermen in einigen Fällen zu fast entgegengesetzten Tendenzen wie TISCHLER. Zusammenfassend geht also aus diesen Beobachtungen hervor, daß die Gesamtzahl der Blütenpflanzen in kälteren Gebieten zwar einen höheren Prozentsatz Polyploider hervorbringt, daß aber bei weiterer Unterteilung in Gruppen und Familien diese Tendenz nicht in jedem Fall zutrifft (vgl. STEBBINS 1950).

Bemerkenswert ist auch, daß bei einigen Gattungen Di- und Polyploider mit steigender Entfernung von der ursprünglichen Heimat der Polyploidiegrad und auch die Chromosomengrundzahl des Genoms steigt. Die Beobachtung, daß die Neubesiedlung freiwerdender Areale (z. B. durch Zurückwandern des Eises nach Norden und Abschmelzen von Gletschereis) durch Polyploide erfolgt, stimmt im wesentlichen nur für europäische Verhältnisse. In Amerika ist die Erwanderung neuer Gebiete hauptsächlich durch Arten erfolgt, die sich gegenüber den ursprünglichen durch Gen- bzw. Strukturänderungen auszeichnen (DARLINGTON 1957, S. 56 u. 62).

Das gehäufte Auftreten von Polyploiden an einigen Standorten kann auch mit der stärkeren Strahlungsintensität an diesen Orten in Zusammenhang gebracht werden. Wie später noch erläutert wird, fehlt den Haploiden das bei Di- und Polyploiden vorhandene Vermögen, rezessive Mutationen anzureichern. Die Persistenz spontaner Mutationen steigt von Di- zu Polyploiden. Während solch einer längeren „Persistenzperiode" kann ein mutiertes Gen viel vorteilhafter mit anderen Genen kombiniert werden. Dann kann neben der einfachen Mutation auch eine auf die Mutation günstig abgestimmte Genkombination herausspalten.

Solange die spontane Mutationsrate sehr gering ist, wird es auch bei einer diploiden, panmiktischen Population relativ lange dauern, bis ein mutiertes Gen wieder eliminiert ist. Günstige Genkombinationen mit Hilfe von Mutationen sind demzufolge auch bei Diploiden möglich. Wenn aber die spontane Mutationsrate steigt, wird auch die Wahrscheinlichkeit steigen, daß das neu mutierte Gen schneller wieder aus der Population eliminiert wird.

Zum Beispiel: (AA 2xAa aa) × Aa[1]) = 4 × AA, 8 × Aa u. 4 × aa
(AA 2xAa aa) × aa[2]) = 8 × Aa u. 8 × aa

[1]) = schwächere Mutationsrate darstellend
[2]) = stärkere Mutationsrate darstellend

Je höher demnach die spontane Mutationsrate ist, umso geringer wird die Zahl der Generationen, in denen die mutierten Gene im heterozygoten Zustand (persistent) in der diploiden, panmiktischen Population verweilen können. Damit wird auch die Wahrscheinlichkeit der Entstehung günstiger Genkombinationen mit Hilfe der Mutationen geringer (die Zahl der Generationen, die ein mutiertes Gen von der Entstehung bis zur Elimination braucht, ist demnach außer vom Polyploidiegrad auch noch von der Höhe der spontanen Mutationsrate abhängig).

Bei Polyploiden ist aber die Gefahr gering, daß ein mutiertes Allel wegen zu hoher Mutationsraten aus einer panmiktischen Population eliminiert wird, ehe es eine ausreichende Kombinationsmöglichkeit besitzt. Die Polyploidie kann also überdurchschnittliche Genotypen in einer Population vor Zerschlagung schützen. Aus dem Gesagten dürfte verständlich geworden sein, warum in Gebieten mit verstärktem Auftreten mutationsrateerhöhender Faktoren prozentual mehr Polyploide vorkommen (zu berücksichtigen ist außerdem, daß Polyploide den Verlust eines Chromosoms eher überleben als Diploide). Ein solcher Faktor ist die ionisierende Strahlung, die z. B. als Höhenstrahlung oder aus radioaktiven Mineralien gebietsweise recht unterschiedlich wirksam werden kann.

Eine weitere Beobachtung, die häufig zugunsten der Polyploiden ausgelegt wurde, ist die Besiedlung von Schuttplätzen und unbewachsenen Flächen. Allgemein treten da zunächst einjährige diploide Pflanzen auf, darauf mehrjährige, hauptsächlich polyploide Kräuter, die letztlich dann aber von Pflanzenarten mit höherem Wuchs, die größtenteils diploid sind, verdrängt werden (STEBBINS 1950).

Unter den Unkräutern nehmen die polyploiden Arten keinen größeren Raum ein als die diploiden und bei einem Vergleich innerhalb der perennierenden Unkräuter mit ununterbrochener, vegetativer Vermehrung schneiden die Polyploiden ebenfalls nicht besser ab (GUSTAFSSON 1948).

SCHWANITZ (1950) beobachtete an Polyploiden eine verstärkte Neigung zu asexueller Fortpflanzung. Die Feststellungen von LEHMANN (1954) an der *Agrestis*-Gruppe der Gattung *Veronica* führten jedoch zu einer gegenteiligen Ansicht. Die von STEBBINS (1950) in dieser Richtung zusammengestellten Ergebnisse sprechen ebenfalls nicht eindeutig zugunsten der von SCHWANITZ gemachten Feststellung.

Diese gegensätzlichen Aussagen mögen zum Teil auf der Schwierigkeit einer Zuordnung der Arten zu den Di- oder Polyploiden basieren, denn einerseits ist schon die Abgrenzung der Arten selbst nicht immer leicht und andererseits ist die Bestimmung der Basiszahl, d. h. der ursprünglichen Chromosomenzahl einer Art in manchen Fällen fast unmöglich. TISCHLER (1955) weist auf diesen Umstand eingehend hin. Es ist nach seiner Meinung deshalb nicht möglich, Zahlen, die durch 2 teilbar sind, einfach als polyploid zu betrachten und solche, die ein Chromosom mehr oder weniger besitzen, diploid zu nennen. Grundsätzlich meint der genannte Autor mit Recht hierzu: „Von vornherein müssen wir uns darüber klar sein, daß wir stets nur die „sekundären Basiszahlen" einer Gattung oder Familie als Ausgangspunkt verwenden und nicht den Versuch machen dürfen, zu den „primären" vorzudringen, die vielleicht in keiner lebenden Art mehr existieren. Damit wird die Relativität des Diploidiecharakters von vornherein stark unterstrichen."

Daß die Polyploiden in vielen Fällen eine verstärkte Ausbildung von Rhizomen, ein häufigeres Auftreten von Apomixis und weiteren Formen der vegetativen Vermehrung zeigen, kann nicht mit der ursächlichen Koppelung von vegetativer Fortpflanzung und Polyploidie erklärt werden. Es ist vielmehr berechtigterweise anzunehmen, daß aus dem dauernden Polyploidenstrom, den die Diploiden mit einer sehr geringen Häufigkeit erzeugen, jene Typen herausgefiltert werden, die bereits eine genotypisch bedingte Fähigkeit für die vegetative Vermehrung besaßen bevor sie Polyploide wurden. Denn nur eine bereits ausgeprägte Fähigkeit zur vegetativen Vermehrung wird die neuentstandenen Polyploiden mit ihrer nahezu ausnahmslos reduzierten Fertilität vor der natürlichen Elimination bewahren.

Für die praktische Züchtung sind selbstverständlich nur die Kulturpflanzen von Interesse. Es soll deshalb eine Aufzählung der derzeitig wirtschaftlich wichtigsten Kulturpflanzen, die als natürlich vorkommende Autopolyploide angesprochen werden können, folgen (STEBBINS 1950):

Kartoffel (*Solanum tuberosum*), Kaffe (*Coffea arabica*), Banane (*Musa vars.*), Luzerne (*Medicago sativa*), Erdnuß (*Arachis hypogaea*) und Batate (*Ipomoea Batatas*). STEBBINS hat hier allerdings die als segmentell allopolyploid zu bezeichnende Art *Medicago sativa* mit hinzugezählt.

Zu den Allopolyploiden sind folgende, wirtschaftlich wertvolle Kulturpflanzen zu zählen:

Tabak, Baumwolle, Weizen, Hafer und Zuckerrohr. Hinzu kommen einige wirtschaftlich bedeutungsvolle Rosaceen wie Pflaume, Apfel, Birne, Brombeere und Erdbeere. Die im Weltmaßstab derzeit wichtigsten Getreidearten Reis und Mais und in geringerem Maße auch Roggen und Gerste sind nicht polyploid, eine Tatsache, die sich mit den von TISCHLER (Tab. 27) gefundenen Gesetzmäßigkeiten zwischen Polyploidie und geographischer Verbreitung nicht in Einklang bringen läßt. Beispielsweise werden Gerste und Roggen bis zu 70° nördl. Breite angebaut, obgleich sie diploid sind.

Nach diesen Angaben über Vorkommen und Verbreitung der Polyploiden soll nun etwas über deren Leistung gesagt werden. Nachdem die Möglichkeit geschaffen war, mit Hilfe des Colchicins (BLAKESLEE und AVERY 1937) auf künstlichem Wege in größeren Mengen Polyploide herzustellen, ergab es sich von selbst, die Leistungsfähigkeit dieser artifiziellen — in der Hauptsache — Autotetraploiden im Vergleich zum diploiden Ausgangsmaterial zu prüfen. Es sei zunächst auf die mehr von botanischer Seite her erfolgten Vergleiche hingewiesen, weil die an landwirtschaftlichen Kulturpflanzen durchgeführten bereits zum großen Teil infolge Selektionsmaßnahmen ihre Ursprünglichkeit verloren haben.

GYÖRFFY (1941) hat Untersuchungen an Polyploiden hinsichtlich ihres osmotischen Wertes durchgeführt. Er kommt dabei zu der Feststellung, daß die osmotischen Werte mit steigendem Polyploidiegrad sinken. Bei alten und unter extremen Kulturbedingungen lebenden Pflanzen sind aber vielfach gerade an Tetraploiden höhere Werte zu finden. Deshalb nimmt GYÖRFFY an, daß niedrigere osmotische Werte den „Normalzustand" der Tetraploiden darstellen, daß sie aber unter dem Einfluß von Außenbedingungen ihre osmotischen Werte stärker modifizieren können.

Sehr zahlreich sind weiterhin die Untersuchungen hinsichtlich des Stickstoff- und Eiweißgehaltes diploider und vergleichbarer tetraploider Pflanzen. Vorweg kann bereits gesagt werden, daß die Analysen im großen und ganzen keine Unterschiede erkennen lassen. Nach HEILBRON (zitiert nach PIRSCHLE 1941) zum Beispiel liegen die N-Gehalte der Wedel von *Polypodium aureum* bei Di- und Tetraploiden in der gleichen Größenordnung (bezogen auf das Frischgewicht). Untersuchungen an Tomaten ergaben bei Tetraploiden allerdings einen höheren N-Gehalt. Dagegen liegt der N-Gehalt tetraploider Gerste wesentlich tiefer als der diploider (bezogen auf die Trockensubstanz). Die an *Lolium perenne* erhaltenen, in Prozenten des Trockengewichtes angegebenen N-Werte ergaben wiederum keine gesicherten Unterschiede zwischen Di- und Tetraploiden (alle Angaben zitiert nach PIRSCHLE 1941). Nach den Untersuchungen von SCHLÖSSER (zitiert nach PIRSCHLE 1941) nimmt der N-Gehalt der Zuckerrübenblätter von diploiden über triploide nach tetraploiden Pflanzen hin ab (2,24% — 1,76% — 1,56%). Genannter Autor kann an Tomaten feststellen, daß bei gleichem N-Gehalt der di- und tetraploiden Sprosse die Wurzeln der Tetraploiden einen geringeren N-Gehalt haben. PIRSCHLE (1941) untersucht diploide und artifizielle

Autotetraploide von *Epilobium collinum*, *Stellaria media*, *Antirrhinum majus*, *Torenia Fournieri*, *Tradescantia geniculata* und *Impatiens balsamina* hinsichtlich ihres Gesamt-Stickstoff- und Eiweißgehaltes. Die dabei sich zeigenden Unterschiede sind gering und liegen nach Meinung des Autors in den meisten Fällen innerhalb der Streuung.

Als eine Eigenschaft, die jedoch die Tetraploiden von den Diploiden unterscheidet, ist das Verhältnis von Frisch- zu Trockengewichten zu nennen (vgl. BELLMANN 1958[1]). Trotz des allgemein höheren Frischgewichtes der Tetraploiden ist deren Trockensubstanzertrag in vielen Fällen geringer. Diese Tatsache beruht auf dem höheren Wassergehalt tetraploider Pflanzen, der sich recht ungünstig in mancherlei Beziehung auswirken kann, vor allem gegenüber bestimmten pilzlichen Erkrankungen. So kann zum Beispiel nach eigenen Beobachtungen die Kleeschwärze (*Phyllachora trifolii*) an diploiden Kleepflanzen nicht in dem Maße auftreten wie an tetraploiden, obgleich von Stamm zu Stamm bei beiden Formen größere Unterschiede bestehen. Ähnlich verhält sich *Antirrhinum majus* bei einer Infektion mit *Botrytis*. Während der durch den Pilz, der die Zerstörung der Samenkapsel von der Narbe ausgehend verursacht, hervorgerufene Samenverlust Diploider nur bei sehr hoher Luftfeuchtigkeit groß ist, genügen bei den artifiziellen Autotetraploiden schon normale Bedingungen für ähnliche Schäden. Ein weiteres Beispiel bilden verschiedene tetraploide Roggenstämme, die einen besonders starken Rostbefall aufweisen. Es ist — wie oben bereits erwähnt — anzunehmen, daß durch den höheren Wassergehalt der tetraploiden Pflanzen diese anfälliger sind und bestimmten parasitären Krankheitserregern günstigere Infektionsbedingungen bieten.

Hinsichtlich der phänotypischen Abweichungen artifizieller Tetraploider vom diploiden Ausgangsmaterial liegen vor allem Untersuchungen von PIRSCHLE (1941/42) vor. Das Ergebnis der umfangreichen, von genanntem Autor gemachten Beobachtungen kann am besten mit dessen eigenen Worten wiedergegeben werden: „Soweit bisher unter solchen ungünstig gestalteten Wachstumsbedingungen von der Norm abweichende Unterschiede zwischen den 2n und 4n festgestellt werden konnten, fielen sie immer zuungunsten der Polyploiden aus, wobei zu betonen ist, daß es sich bei den untersuchten Polyploiden um meist frisch hergestellte Autopolyploide handelt.“ Anhand eigener Arbeiten (nicht veröffentlicht) konnte festgestellt werden, daß diese von PIRSCHLE an vegetativen Organen gemachte Beobachtung auch für die generative Phase zutrifft. Zu zwei verschiedenen Jahreszeiten vergleichsweise ausgepflanzte di- und tetraploide *Antirrhinum*-Populationen erreichten die größte Abweichung des Samenertrages voneinander beim späteren Blühtermin (Tab. 44).

Aus dem Gesagten geht hervor, daß die verschiedensten Ursachen für eine vom diploiden Kontrollmaterial abweichende Leistung der Tetraploiden

[1]) Tagungsberichte Nr. 18 der DAL.

TABELLE 44

Komb.	Zahl der geernteten Pflanzen	Ø Zahl der Kapseln pro Pflanze				Ø Zahl der guten Kapseln pro Pflanze				gute Kapseln in %				Ø Samengewicht pro gute Kapsel in mg				Ø Samenertrag pro Pflanze in mg				
		Blütezeit				Blütezeit				Blütezeit				Blütezeit				Blütezeit				
		April		Juni		April		Juni		April		Juni		April		Juni		April		Juni		
		Gesamt Ø	dav. verb.	Gesamt Ø	dav. verb.	Gesamt Ø	dav. verb.	Gesamt Ø	dav. verb.	Gesamt Ø	dav. verb.	Gesamt Ø	dav. verb.	Gesamt Ø	dav. verb.	Gesamt Ø	dav. verb.	Gesamt Ø	dav. verb.	Gesamt Ø	davon verbändert	
A 8	14			8,7				3,8				43,7				8,7				33,0		
Lata	13			7,1				0,7				9,9				14,7				10,0		
2 n F_1	29			17,0				13,3				78,2				39,5				525,8		
2 n F_2	(65) 94	14,9	12,0	15,7	14,5	9,3	4,9	8,7	4,9	62,4	40,8	55,4	34,1	25,8	16,0	26,8	15,4	239,4	77,9	234,1	94,8 ↙↘	
duplex 4 n F_2	(36) 76	9,1		7,9		5,6		3,3		61,5		41,8		17,3		17,3		96,3		56,8	104,0	67,2
4n F_3 49	44			5,6	2,8			1,3	0,8			23,2	28,6			12,8	6,6			17,2		ho-
duplex																					hete-	mo-
4n F_3 45	64			7,3				2,6				35,6				12,3				32,6	rozy-	zy-
4n F_3 54	34			7,3				2,7				37,0				18,0				48,7	got	got

verantwortlich sein können. Schon 1942 (vgl. PIRSCHLE) lag genug artifiziell-tetraploides Pflanzenmaterial vor, um sich vom züchterischen Standpunkt aus einen verhältnismäßig guten Überblick über die Produktion von Pflanzenmasse bzw. Trockensubstanzertrag der artifiziellen Tetraploiden im Vergleich zu ihren diploiden Ausgangsspezies verschaffen zu können. Zusammenfassend kann über die bis zum Jahre 1942 vorliegenden Ergebnisse gesagt werden, daß die tetraploiden Pflanzen die in sie gesetzten Erwartungen nur zu einem ganz geringen Teil erfüllt haben. Wenn auch bei einigen Arten die Produktion an Trockenmasse der der Diploiden überlegen ist, so sind die Unterschiede nicht so bedeutend, daß sie auch unter anderen Umweltbedingungen Bestand haben.

PIRSCHLE (1942) kommt auf Grund eigener Beobachtungen zu dem Schluß: „. . . , daß eine Polyploidisierung nicht immer und überall zu den gleichen Effekten führt, besonders nicht hinsichtlich der Länge und des Gewichtes der Pflanzen, also des „Ertrages", der Produktion an Pflanzenmasse." Ähnliche Meinungen werden noch von weiteren kritischen Betrachtern laut (siehe NILSSON 1953). Sehr ausgedehnte, etwa 5jährige Konkurrenzversuche wurden von STEBBINS (siehe NILSSON) an Diploiden und den entsprechenden Polyploiden durchgeführt. Aus 20 verschiedenen diploiden Gramineenarten wurden die 20 vergleichbaren Autotetraploiden und 24 Allopolyploide hergestellt. Die diploiden, autotetraploiden und allopolyploiden Pflanzen wurden gemeinsam unter 7 ökologisch unterschiedlichen Wachstumsbedingungen zur Aussaat gebracht. Nach 5 Jahren war nur an einem Standort eine einzige Autotetraploide der diploiden Ausgangsart überlegen. In diesem Fall waren die Wachstumsbedingungen hinsichtlich Bodengüte und Wasserversorgung anscheinend günstig, außerdem war der ganze Versuch des betreffenden Standortes im Gegensatz zu den anderen nicht abgeweidet worden. Die artifiziellen, rein autotetraploiden Pflanzen befriedigen also ganz allgemein nicht. Andererseits ist aber auch gezeigt worden, daß der Erfolg der Genomverdoppelung innerhalb einer Art verschieden ausfällt, je nachdem welche Gene bzw. Genkombinationen verdoppelt sind. Ein schönes Beispiel hierzu liefert PIRSCHLE. Er berichtet über die artifizielle tetraploide *Impatiens balsamina*, deren Mutante „eosin" im Vergleich zu der diploiden eine geringere Sproßlänge, geringeres Frischgewicht und größeres Trockengewicht hat, während die Mutante „weinrot" verglichen mit ihrer diploiden in den genannten Leistungsmerkmalen überall höhere Werte aufwies. Für die Leistungsfähigkeit der artifiziellen Tetraploiden ist nicht nur entscheidend, welche Gene verdoppelt werden, sondern auch welchen strukturellen Aufbau, welche Form und Größe die zur Verdoppelung gelangenden Chromosomen haben. Aufklärung darüber geben vergleichende Untersuchungen an Diploiden und natürlichen Polyploiden. Beispielsweise sind die Chromosomen bei 2n *Dianthus*, 2n *Chrysanthemum* und der diploiden *Luzula purpurea* größer als bei den vergleichbaren Polyploiden. Je mehr Chromosomen pro Zelle vorhanden sind um so kleiner werden sie. Auf diesen Umstand müßte m. E. bei der Auswahl der zu colchicinierenden Pflanzen ebenfalls geachtet werden. Wieweit dabei Mutationen eine Rolle spielen, die die Chromosomengröße beeinflussen, muß dahingestellt bleiben. DARLINGTON (1957, S. 84) weist darauf hin, daß bei einigen Arten mit der Änderung der Chromosomenzahl eine Formveränderung derselben verbunden ist (z. B. bei verkleinerter Grundzahl eine Umwandlung von I- in V-Typen).

Aus vergleichenden Betrachtungen zwischen natürlichen und artifiziellen Tetraploiden geht hervor, daß die natürlichen Polyploiden doch einen mehr oder weniger stark heterozygoten Charakter besitzen. Da die artifiziellen Autotetraploiden hingegen vorwiegend aus Homozygoten bestehen, darf von ihnen gar keine Überlegenheit gegenüber ihrem diploiden Ausgangsmaterial erwartet werden. Daraus ist für die praktische Züchtung der Grundsatz abzuleiten, möglichst stark heterozygotes Pflanzenmaterial zu verwenden, damit einerseits die Variationsbreite erhöht werden kann (MELCHERS 1939) und zum anderen die Möglichkeiten zur Schaffung eines Heterosisphänomens gegeben werden (RANDOLPH 1941 und STRAUB 1941).

MELCHERS (1946) erklärt die nach Genomverdoppelung nur zögernd auftretende Leistungsverbesserung mit der Annahme, daß nicht nur leistungsfördernde Gene die Möglichkeit zur Steigerung ihrer Wirkung besitzen, sondern ebenso auch die leistungshemmenden. Er setzt also die Möglichkeit einer Steigerung der Wirkung einzelner Gene über 2 hinaus voraus. Die Leistungsfähigkeit der artifiziellen Tetraploiden erscheint deshalb gegenüber dem diploiden Ausgangsmaterial nicht sofort verbessert. Erst nach anschließender Selektion ist die Wahrscheinlichkeit gegeben, Typen aufzufinden, die hinsichtlich ihrer Leistung über den diploiden Ausgangsformen liegen. MELCHERS bringt das Wesentlichste darüber in folgenden Worten zum Ausdruck: „Zur Erklärung der besseren Anpassungsfähigkeit der Polyploiden in der Natur und als Ergebnis der Kulturpflanzenzüchtung brauchen wir demnach nur eine Annahme, nämlich, daß es selektionswürdige Merkmale beeinflussende Gene gibt, deren Wirkung mit der Menge auch über die Zahl 2 hinaus noch gesteigert werden kann.“ Sind aber in einer Pflanze nur Gene vorhanden, die über ihre 2-fache Dosis hinaus keiner weiteren Leistungssteigerung mehr fähig sind, so kann in diesem Fall durch Polyploide auch keine Verbesserung erzielt werden.

Aus den vorstehenden Erörterungen über den höheren Anteil Heterozygoter bei Polyploiden (RANDOLPH und STRAUB) und die Gendosiswirkung (MELCHERS) läßt sich m. E. eine Richtlinie für die praktische Pflanzenzüchtung noch nicht ableiten. Es ist zwar nicht zu leugnen, daß während der Evolution einiger landwirtschaftlich wichtiger Pflanzenformen die Polyploidie mit beteiligt war und noch ist, daß aber die bisher aus der Beobachtung an natürlichen Polyploiden gewonnenen Erkenntnisse noch nicht ausreichen, um diesen evolutionistischen Vorgang in größerem Umfange unter Erzielung eines großen landwirtschaftlichen Nutzens anwenden zu können. Diese

Schlußfolgerung mag vor allem unter den Züchtern, die sich gegenwärtig mit artifiziellen Polyploiden beschäftigen, zu pessimistisch klingen, doch darf letztlich auch nicht der Einwand zurückgewiesen werden, daß bis zum heutigen Tage die Anbaufläche für artifizielle Polyploide — abgesehen von Zuchtgärten — minimal ist. Zwei Jahrzehnte praktischer Züchtungsarbeit auf einem so schwierigen Gebiet berechtigen jedoch nicht zu einem Urteilsspruch über die Polyploidiezüchtung. Es soll deshalb im folgenden der Versuch unternommen werden aufzuzeigen, welche Schlußfolgerungen aus den evolutionistischen und populationsgenetischen Betrachtungen für die Polyploidiezüchtung gezogen werden können.

Zunächst soll auf die Folgen, die sich durch die Chromosomenvervielfachung für die haploiden Organismen ergeben, eingegangen werden. Bei den systematisch niedriger stehenden Arten ist in zahlreichen Fällen die Voraussetzung für ein sehr schnelles Anpassungsvermögen an neue Lebensbedingungen vorhanden und zwar vorwiegend auf Grund zweier Faktoren. Das durch ihren einfacheren Bau bedingte schnellere Reaktionsvermögen auf andere Umweltbedingungen dürfte als ein wichtiger Faktor bezeichnet werden. Außerdem ist — und das dürfte als 2. Faktor eine wesentliche Stütze der hier gemachten Überlegungen sein — innerhalb einer Population gleichgearteter Organismen die mehr oder weniger rasche phänotypische Äußerung einer neu aufgetretenen Mutation innerhalb dieser Population von der Polyploidiestufe der mutierten Individuen abhängig (unterschiedlich schnelle Generationsfolgen von Sippen, dominante und rezessive Mutationen u. a. m. sollen hier unberücksichtigt bleiben). Die unterschiedliche Reaktionsgeschwindigkeit der Umwelt gegenüber zeigt sich beispielhaft an einigen Pilzen. Hier sei der Bericht von BAUCH (1953/54) über die von SANSOME an *Penicillium notatum* gewonnenen Erkenntnisse in dieser Hinsicht wiedergegeben: „Der Standardstamm unterliegt wie andere *Penicillium*-Stämme einer spontanen Mutabilität der Farbgene. Die Farbvariante ‚dark 1' tritt bei ihr in einem gewissen Prozentsatz regelmäßig auf. Der Gigasstamm dagegen liefert nicht sofort die schwarze Mutante, sondern mutiert zuerst zu intermediären Verdunkelungstypen. Aus diesen intermediären Typen entsteht erst in der nächsten Generation der „dark 1"-Typus". SANSOME deutete diese Erscheinung in der Weise, daß beim haploiden Standard-Stamm bereits ein einziger Mutationsschritt genügt, um von dem homozygoten „Normalstamm" zum homozygoten „dark"-Stamm zu gelangen, bei der diploiden Gigasrasse aber zwei Mutationsschritte für dieselbe Veränderung notwendig sind. Besitzt die dunkle Färbung (dark) des Pilzes sowohl beim Normalstamm als auch beim Gigasstamm einen Selektionsvorteil, wird der Stamm die größere Vitalität besitzen, der zuerst die dunkle Färbung aufweist. Das wird in diesem Fall der haploide Stamm sein, weil er sich schneller einer neuen Selektionsrichtung anzupassen vermag.

Bei einer Anzahl weiterer Pilze (z. B. Hefe!) liegen ähnliche Verhältnisse vor. Wenn auch auf Grund der wesentlich größeren Vermehrungsrate der

Pilze der Vergleich mit di- und tetraploiden Blütenpflanzen etwas hinkt, so ist doch im Prinzip gezeigt, worauf es ankommt. Auf Seite 35 ist auch bereits mit Hilfe mathematischer Überlegungen erwiesen worden, zu welchen zeitlichen Differenzen es bei der Ausschaltung bzw. Aufnahme von neuen Mutanten hinsichtlich ihrer phänotypischen Äußerung in einer Population kommen kann, wenn Diploide mit Tetraploiden verglichen werden. In geringerem Umfang werden allerdings rezessive Mutanten schon in heterozygoter Form in der Population wirksam, so daß der phänotypische Einfluß sich nicht erst dann geltend macht, wenn diese homozygot sichtbar werden. Die wesentlich geringere Beweglichkeit in der Anpassung an neue Umweltverhältnisse wird bei den frischen (d. h. frisch colchicinierten) artifiziellen Autotetraploiden im Vergleich zu ihren diploiden Ausgangsformen jedoch in der Mehrzahl der Fälle vorhanden sein. Zumindest ist auf Grund vorstehender Überlegungen nicht einzusehen, weshalb die frischen Autotetraploiden eine bessere Anpassungsfähigkeit den Umweltverhältnissen gegenüber besitzen sollen. Zu einer schnelleren Anpassungsfähigkeit der Tetraploiden kann jedoch die Heterozygotie beitragen. Die in einer Population vorhandenen Genotypen AAAa, AAaa und Aaaa gestatten eine relativ schnelle Selektion sowohl nach A als auch nach a. Die Population bleibt auf diese Weise den wechselnden Wachstumsbedingungen gegenüber beweglich, die einmal dem Allel A, einmal dem Allel a einen Selektionsvorteil verschaffen können. Unter natürlichen Verhältnissen sind selbstverständlich nicht nur zwei sondern viele unterschiedliche Wachstumsbedingungen zu erwarten, die von den Pflanzen bzw. der ganzen Population optimal genutzt werden sollen.

Auch unter den natürlichen Polyploiden gibt es einige Arten, die den vergleichbaren Diploiden allgemein in der Leistung nicht überlegen sind (vgl. STEBBINS 1951). Ein eindrucksvolles Beispiel unter den natürlichen Polyploiden bietet in dieser Hinsicht die Gattung *Veronica.* Von den in der „*Agrestis*-Gruppe" (LEHMANN 1954) zusammengefaßten *Veronica*-Arten haben *V. polita* und *V. filiformis* jeweils n = 7 Chromosomen, *V. agrestis*, *V. opaca* und *V. Tournefortii* (*persica*) dagegen 14, sind also tetraploid. Morphologisch sind die Arten schwer unterscheidbar. Die Erwanderung neuer Vegetationsgebiete durch sie kann aber nach den Worten des genannten Autors recht unterschiedlich verlaufen: „Den zweiten diploiden Vertreter unserer Gruppe, *V. filiformis*, konnten wir auf seiner um 1900 einsetzenden Wanderung aus den Kaukasusländern nach Westen fast in allen Einzelheiten verfolgen (LEHMANN 1942). Auch diese Art hat sich bei ihrem Vordringen eng an die von der Heimat gewohnten Lebensbedingungen gehalten.

Die tetraploiden Arten *V. agrestis* und *V. opaca* konnten, was die Weite ihres Verbreitungsgebietes anbelangt, keinen bemerkenswerten Gebrauch von der Genomverdoppelung machen. Sie blieben, ähnlich den diploiden Arten, an bestimmte, wenn auch vergleichsweise extreme Bedingungen gebunden. Obwohl sie doch zweifellos schon seit Jahrhunderten in Europa leben, konnten sie diesen Rahmen nicht sprengen.

Durchaus anders als die vorher besprochenen Arten hat sich *V. Tournefortii* verhalten. Da sie, wie wir sahen imstande war, nahezu alle ihr begegnenden klimatischen und edaphischen Bedingungen zu meistern, da sie auch über den nötigen Variantenreichtum verfügen dürfte, der sie dazu befähigt, vielerlei Standorte zu besiedeln, so war es ihr möglich, sich seit 1800 weithin über Europa, ja über die Äcker der gemäßigten Zone der ganzen Erde in einem gewaltigen Siegeszug zu verbreiten."

Die tetraploide *V. Tournefortii* besitzt unter den 3 Tetraploiden auf Grund morphologischer Vergleiche an einer Reihe von Merkmalen die größte Variationsbreite. Nichts liegt näher als daraus zu schließen, daß für die artifiziellen Tetraploiden ähnliche Verhältnisse zur Erhöhung ihrer Leistungsfähigkeit zu schaffen sind. Derartige Möglichkeiten sind auch bereits von RANDOLPH und STRAUB in Erwägung gezogen worden. Wird außerdem angenommen, daß für *V. Tournefortii* auch die von MELCHERS geforderte Voraussetzung, daß eine Selektion zugunsten der Gene, die über ihre 2-fache Dosis hinaus noch gesteigert werden können, stattfindet und steigerungsfähige, leistungsvermindernde Gene ausgemerzt werden, zutrifft, so wäre zunächst eine hinreichende Erklärung für einen derartigen „Siegeszug" gegeben. Nicht erklärt werden kann damit aber die von *V. Tournefortii* abweichende Entwicklung der Arten *V. agrestis* und *V. opaca*, zumal diese nach den Angaben von LEHMANN doch bereits einige Jahrhunderte in Europa leben und hinsichtlich ihrer Abstammung höchstwahrscheinlich auf die gleiche diploide Art zurückgeführt werden können wie die Tournefortii. Anscheinend reicht die Annahme nicht aus, daß allein günstige Heterozygotie- und Gendosis-Verhältnisse genügen, um aus einer artifiziellen Tetraploiden eine überdurchschnittlich leistungsfähige Form züchten zu können (vgl. RANDOLPH und MELCHERS). Denn wäre dieses Problem so einfach, müßten im Laufe der Jahrhunderte derartige einen positiven Selektionswert darstellende Voraussetzungen für die natürlichen Tetraploiden *V. agrestis* und *V. opaca* zumindest teilweise geschaffen worden sein, wenn auch (wie bereits MELCHERS zeigen konnte) die Selektion in Richtung einer einzigen leistungsfördernden Eigenschaft oft viele Generationen dauert. Das Auftreten einer positiven Kombination leistungsfördernder Gene mit Hilfe der beiden Faktoren Heterozygotie und Genwirkung dürfte jedoch m. E. unter artifiziellen sowie natürlichen Bedingungen nicht einige Jahrhunderte in Anspruch nehmen. Es werden demnach noch weitere Faktoren im Evolutionsgeschehen berücksichtigt werden müssen, um dem bei natürlichen Polyploiden verlaufenden Prozeß gerecht zu werden.

Einer dieser zusätzlichen, bisher noch nicht berücksichtigten Faktoren scheint m. E. die Anzahl der in einer Pflanze zur Wirkung kommenden multiplen Allele zu sein. Die Untersuchungen an *Godetia* von HIORTH (1940) zeigen sehr deutlich, daß es durch Auswahl bestimmter Allele aus einer multiplen Serie gelingt, eine Heterosis zu erzeugen. In Diploiden können jedoch bestenfalls 2 differierende Allele aus einer solchen Serie miteinander gepaart werden, bei Tetraploiden dagegen 4. An zahlreichen Arten können derartige multiple Allel-Serien nachgewiesen werden. Welche Unterschiede auch in qualitativer Hinsicht entstehen können, wurde bereits bei der Besprechung der Bildung von „competition"-Pollenklassen der Tetraploiden, deren Fertilität durch S-Allele gesteuert wird, gezeigt. In ähnlicher Weise können vielleicht auch in anderen multiplen Serien neue Eigenschaften entstehen. Die Variationsbreite würde dann weiter erhöht werden. Die Auslese auf Pflanzen mit 4 differierenden, multiplen Allelen innerhalb eines Genortes ist jedoch sehr schwierig. Das zum Colchicinieren vorgesehene diploide Pflanzenmaterial muß so gewählt werden, daß möglichst viele verschiedene Allele in den Pflanzen vorhanden sind. Es ist daher ratsam, recht viele Pflanzen zu colchicinieren und damit tetraploid zu machen. Einer kleinen Anzahl tetraploider C_0-Pflanzen werden eher selten vorkommende Allele fehlen und damit auch einer tetraploiden Population, die aus einer kleinen Anzahl (z. B. 5—10 CO-Pflanzen) errichtet wird. Die Allele, die im diploiden Zustand eine Bedeutung besaßen, werden relativ häufig vorkommen. Damit ist aber nicht gesagt, daß sie auch für die tetraploide Population von Bedeutung sind, da einige von ihnen durch die Tetraploidie eine „Umwertung" erfahren. Deshalb wird nun auch die besonders geringe Wüchsigkeit und Fertilität frischer Artifizieller verständlicher. In dem diploiden Ausgangsmaterial wird erst eine Selektion der Gene auf tetraploide Brauchbarkeit notwendig sein. Solch eine Selektion beansprucht aber zahlreiche Generationen, weil für die tetraploiden Genotypen nicht nur neue günstige Genkombinationen, sondern darüberhinaus auch neue Genkoppelungen innerhalb eines Chromosoms benötigt werden.

Für die Wichtigkeit der Genkombination und Koppelung bestimmter Gengruppen liefert die Mutationszüchtung ein gutes Beispiel. Die herausgespaltenen Mutationen rufen zunächst nur in den wenigsten Fällen eine Leistungsverbesserung gegenüber dem bestrahlten Ausgangsmaterial hervor. Erst die Kombination bestimmter Gene mit den mutierten geben Anlaß zu größeren Fortschritten in der Mutationszüchtung (GUSTAFSSON 1957). Um für die Polyploidie gut geeignete Genkombinationen zu schaffen, wird daher über die genetische Polymorphie des tetraploiden Ausgangsmaterials hinaus noch eine hohe „Kombinationsrate" der einzelnen Gene untereinander geschaffen werden müssen. Die Notwendigkeit möglichst vieler neuer Genkombinationen während einer Generation wird durch die Tatsache bekräftigt, daß sich in zahlreichen Fällen die Allogamen für eine züchterische Behandlung auf polyploider Basis besser eignen als Autogame.

Es wurde bereits gesagt, daß Heterozygotie, Genwirkung, Mutationen und Allelkombinationen sich für Haploide, Di- und Tetraploide auf Selektionsvor- und -nachteile und damit auf den Evolutionsablauf der Arten recht unterschiedlich auswirken können. Zum Beispiel wird eine rezessive Mutation in einer tetraploiden Population phänotypisch erst in späteren Generationen sichtbar als bei einer vergleichbaren diploiden. Mit Hilfe der Fig. 22 soll versucht werden, eine Vorstellung über das mögliche gemeinsame Wirken von Heterosis, Gendosis, Mutationen und Allelkombinationen in einer Population zu geben.

Die Pfeilrichtung von links nach rechts soll die Möglichkeit andeuten, daß 4 in ihrem Genaufbau teilweise differierende Genome miteinander kombiniert werden können. Der Pfeil nach rechts oben (in den Raum hinein) soll die Möglichkeit des Mutierens der einzelnen Gene anzeigen. In einer Population, in der mehrere Gene eines Genortes in verschiedenen Richtungen mutieren, entsteht dann die Allelkombination $A_1A_2A_3A_6$ (Pfeil von links nach rechts).

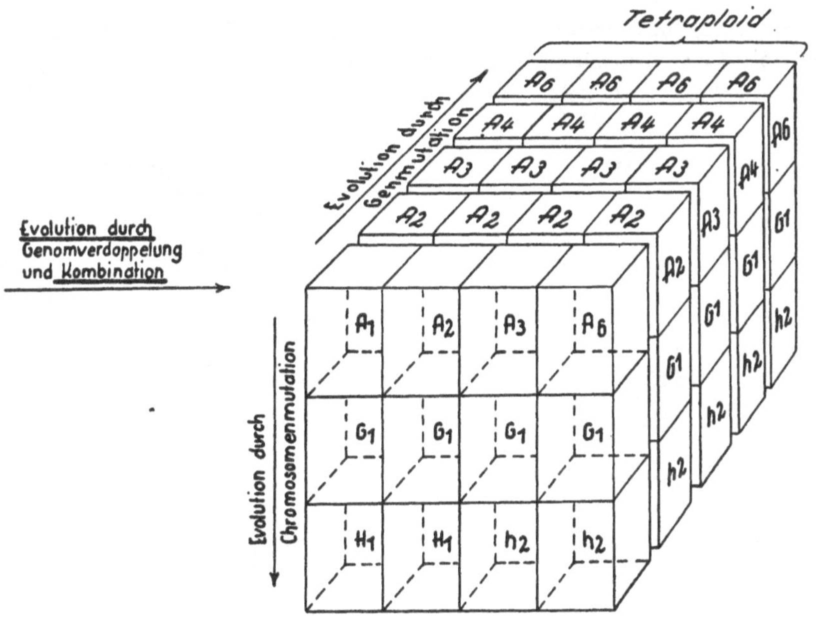

Figur 22

Außerdem kann der Aufbau der Chromosomenstruktur durch Chromosomenmutationen verändert werden (Pfeil von oben nach unten). In einem Chromosom werden z. B. Gene vorhanden sein, die entweder schon in der dreifachen Gendosis (triplex) ihr Wirkungsoptimum erreichen oder erst in der vierfachen (mit G bezeichnet). Daneben werden im gleichen Chromosom Gene vorkommen, die erst in Kombination mit einem rezessiven Allel eines anderen Chromosoms eine Leistungssteigerung (Heterosis) verursachen (mit H bezeichnet). Durch den Chromosomen-Stückaustausch können sehr verschiedenartig wirkende Gene miteinander gekoppelt werden.

Aus der in Fig. 22 gegebenen Darstellung läßt sich auch eine Vorstellung von der Variationsbreite tetraploider Arten vermitteln. Es ist schon wiederholt darauf hingewiesen worden (vgl. BECKER 1954 und SRB und OWEN

1952), daß die Polyploiden in einigen Fällen eine größere Variationsbreite erlangen als ihr diploides Ausgangsmaterial. Diese Beobachtungen können durch Zerlegung des tetraploiden Genaufbaues in seine haploiden bzw. diploiden Komponenten verständlich gemacht werden.

Der haploiden Form fehlt die Möglichkeit einer Kombination von mehreren Allelen innerhalb eines Genortes. Ein veränderter Genotypus wird also in der Hauptsache durch Mutationen und Chromosomenumbau (Positionseffekt) zustandekommen; es sei zum Beispiel auf die vielen haploiden Stämme, die aus einer einkernigen Basidiospore von *Ustilago zeae* entstehen können (STAKMAN, CHRISTENSEN, EIDE und PETURSON 1929, zitiert nach GÄUMANN 1951) hingewiesen. Jede Veränderung wird deshalb sofort phänotypisch sichtbar. Die Darstellung für haploide Organismen würde folgendermaßen aussehen (Fig. 23).

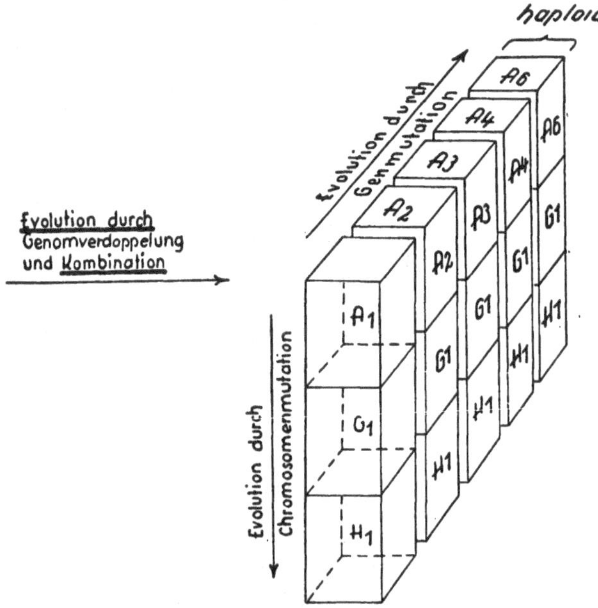

Figur 23

Die diploiden Organismen stehen verständlicher Weise zwischen den beiden genannten Formen und ihr „Bauplan" würde sich in folgender Weise gestalten (Fig. 24):

Nach eingehender Betrachtung des in Fig. 22 für Tetraploide aufgestellten genetischen „Bauplanes" können mehrere Möglichkeiten, die den diploiden Wert nach der positiven oder negativen Seite in seiner Variationsbreite übertreffen, abgeleitet werden. Die 1. Möglichkeit, auf die schon MELCHERS hinwies, besteht darin, daß die Gene über ihre zweifache Dosis hinaus noch gesteigert werden können ($G_1 + G_1 + G_1 + G_1$). Eine zweite Möglichkeit ergibt sich, wenn angenommen wird, daß die Allele $A_1A_2A_3A_4$ etc. eine addierende Wirkung besitzen. Da Diploide höchstens 2 Allele auf sich vereinigen können, ist hier eine weitere Aussicht vorhanden, die diploide Variationsbreite zu übertreffen. Auf die Entstehung neuer Eigenschaften durch derartige Allelkombinationen wurde schon bei der Bildung von diploiden „competition"-Pollen hingewiesen. Aus den Fig. 22, 23 und 24 können also

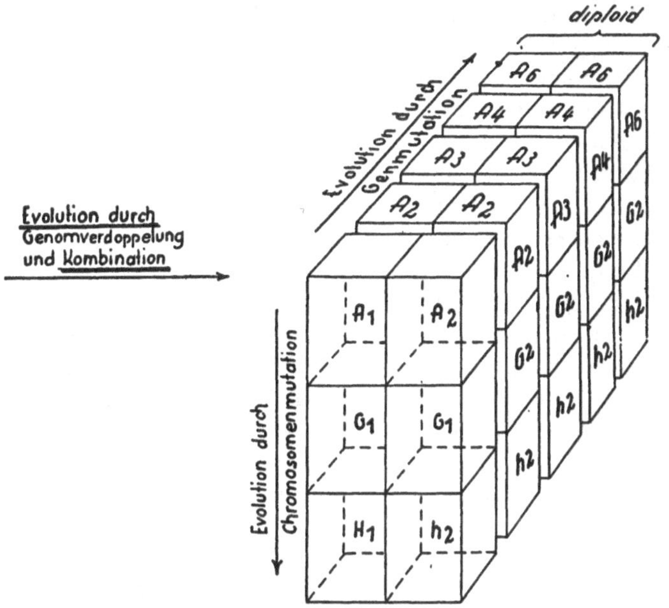

Figur 24

die Voraussetzungen entnommen werden, die in Haploiden, Di- und Polyploiden für eine Höherentwicklung vorhanden sind, wobei hier unter Höherentwicklung Leistungsverbesserung und Auftreten von neuen Eigenschaften zu verstehen ist, beides durch Veränderung der Ploidiestufe hervorgerufen. Die Vorderseiten der Würfel sollen hinsichtlich der Höherentwicklung jeweils eine günstige Genkombination darstellen. Die beiden Extreme der Variationsbreite wären für Tetraploide zum Beispiel durch folgende Genkombinationen gegeben:

$A_1A_2A_3A_6$	$A_6A_6A_6A_6$
$G_1G_1G_1G_1$	$g_1g_1g_1g_1$
$H_1H_1h_2h_2$	$h_1h_1h_1h_1$

Tetraploide Populationen werden also Individuen hervorbringen, die hinsichtlich ihrer Merkmale extremere Werte aufweisen als beispielsweise die der diploiden. Die Variationsbreite tetraploider Pflanzen wird allgemein höher sein, auch für die Leistungshöhe sind — wie bereits ausgeführt — innerhalb einer tetraploiden Population größere Kombinationsmöglichkeiten vorhanden. Hinsichtlich einer Merkmalsausbildung werden bei den Tetraploiden zahlreiche Übergänge auf Grund der großen, in allen Nuancen zur Verfügung stehenden Genotypen (z. B. AAAa AAaa Aaaa) geschaffen werden können. Die Tetraploiden haben bei der Entstehung neuer Arten daher einen mehr konservativen Charakter, denn die Unterschiede innerhalb eines einzigen Merkmals werden nicht in der Stärke in Erscheinung treten können wie bei Diploiden oder gar Haploiden. Die Variationsbreite der Tetraploiden ist demnach zwar größer, aber zwischen ihren in der Population auftretenden, zum Teil recht unterschiedlichen Merkmalen gibt es Individuen, die eine Reihe von Übergängen hinsichtlich dieser Merkmale aufweisen. In einer ausreichend großen Population gibt es Individuen, die einen fließenden Übergang von der einen zur anderen extremen Merkmalsausbildung schaffen. Die Herausbildung zweier neuer Arten bzw. Unterarten aus einer tetraploiden Population wird durch den fließenden Übergang von einem extremen Merkmal zum anderen mit Hilfe der generativen Fortpflanzung länger dauern als bei einer diploiden. Eine gewisse Ausnahme in diesem in der Regel konservativen Verhalten gegenüber der Artenentstehung würde die durch Autotetraploidie entstandene Selbstfertilität bei parasterilen Arten machen, weil hier einmal aufgetretenen extremen Genotypen die Möglichkeit gegeben ist, ihre genetische Konstitution rein auf die Nachkommen weiter zu vererben, ohne daß die für die Erzeugung von Nachkommen notwendige Rückkreuzung mit dem „normalen Genotyp" notwendig wird.

Was nun die Variationsbreite und Abgrenzung einer Art betrifft, liefern *Solanum tuberosum* und *S. andigenum* für die genannten evolutionistischen Vorstellungen ein gutes Beispiel. Die den weiteren Betrachtungen zugrunde gelegten Angaben stammen von J. G. HAWKES (1944). Nach genanntem Autor ist der tetraploide Komplex der Kartoffeln sehr wahrscheinlich der „Cuzco-Lake — Titicaca"-Region Perus und Boliviens entsprungen, wo die Kartoffel zuerst kultiviert wurde (diese Annahme trifft allerdings nach den Vorstellungen von BUKASOV für *Solanum tuberosum* nicht zu!). Wie schnell die Ausbreitung von *Solanum tuberosum* in Europa erfolgte, ist durch geschichtliche Überlieferungen der letzten 3 Jahrhunderte hinreichend bekannt. Fast unmöglich ist es dagegen, den Wanderungsweg der tetraploiden Kartoffeln in Südamerika selbst zu verfolgen. Doch dürfte auch in diesem, historisch erst wesentlich später aufgeschlossenen Erdteil der Handel mit knollentragenden Typen die Triebfeder zur Ausbreitung gewesen sein. Daß gerade den tetraploiden, knollentragenden Arten eine besondere Bevorzugung entgegengebracht wurde, obgleich die diploiden in der Titicaca-Region in einer großen Arten- und Formenmannigfaltigkeit vorkommen, dürfte kein Zufall sein. Aus dem genetischen Bauplan der Tetraploiden geht hervor, daß dieser bildlich gesprochen ein „höheres Baugerüst" als der diploide oder gar haploide zuläßt.

Trotz dieses höheren „Baugerüstes“ mußte bereits festgestellt werden, daß viele tetraploide Arten hinsichtlich der Leistungsfähigkeit ihren diploiden „Vorfahren“ nicht überlegen waren. Ob nun die tetraploiden *Solanum*-Arten, solange sie noch auf die Titicaca-Region beschränkt waren, gegenüber den diploiden eine ähnliche Rolle gespielt haben und sich erst durch die stärkere Anreicherung mit variationsbreite-erhöhenden Genen allmählich einen Selektionsvorteil gegenüber den Diploiden verschafft haben, muß dahingestellt werden. Immerhin wäre vorstellbar, daß erst nach Zeiten der „Gen-Anreicherung“ die Expansion oder — um mit LEHMANNS Worten zu sprechen — der „Siegeszug“ der polyploiden Kartoffel begann.

Auffällig ist, daß der Ursprung der besten tetraploiden, knollentragenden Formen nicht direkt in der Titicaca-Region sondern vorwiegend peripher in Columbien und Mittel-Chile liegt. Das ist aber verständlich, weil in der Titicaca-Region die Zahl der minderwertigen Gene mit primitivem Charakter (zum Beispiel tiefe Augenlage, Färbung, Gestalt und geringer Knollenertrag), die durch Bastardierung der menschlichen Selektion stark entgegen arbeiten, relativ hoch ist, während sie in peripheren Gebieten auf Grund ihres geringeren Vorkommens nicht diese verderbliche Rolle spielen können. Zunächst lieferte also die Titicaca-Region das Gen-Reservoir, das dann die Voraussetzung für eine weitere Synthese von nützlichen Eigenschaften bildete.

Nach vergleichenden morphologischen Untersuchungen von HAWKES (1944) unterscheiden die beiden Arten *Solanum tuberosum* und *S. andigenum* sich zwar durch eine Summe an sich aber unbedeutender Merkmale. Sind diese beiden Arten tatsächlich gemeinsamen Ursprungs, so ist die morphologische Unterscheidung in einer erheblichen Anzahl nicht stark differierender Merkmale geradezu erwartungsgemäß, denn die Tetraploiden ergeben auf Grund ihrer wesentlich komplizierteren Spaltungsverhältnisse immer wieder die Möglichkeit, eine Reihe von Übergängen zwischen einem spaltenden Merkmalspaar zu bilden. Deshalb wird eine „Convergenz der Eigenschaften“ in der tetraploiden Population länger erhalten bleiben. Neuen Merkmalen wird dadurch die Möglichkeit genommen, sich sehr schnell in Extremen weiterzuentwickeln, um deutlich unterscheidbare Differenzen herbeizuführen, die ein wesentliches Kriterium bei der Artbegrenzung bilden.

Noch eine weitere Feststellung kann zur Klärung der Frage beitragen, weshalb bei der kultivierten Kartoffel eine Reihe von Eigenschaften, die zweifellos in der Kartoffelzüchtung eine wichtige Rolle spielen (z. B. Krebs-, Phytophthora- und Nematodenresistenz), dominant vererbt werden und nur wenige solcher Eigenschaften rezessiv. Mutativ entstandene rezessive Allele mit positivem Selektionswert werden nämlich bei Tetraploiden mindestens eine Generation länger durch die dominanten Allele verdeckt bleiben als bei Diploiden, was häufig unbewußt zu einem vorzeitigen Entfernen solcher Allele aus dem Zuchtmaterial führt. Der tetraploide Genotyp AAAa würde z. B. nach Selbstung erst in der übernächsten Generation aaaa-Genotypen hervorbringen, der diploide Genotyp Aa schon in der I_1 aa-Genotypen. Findet aber keine scharfe Selektion statt, dürfte die Ausbreitung des tetraploiden rezessiven Merkmals trotz des geschilderten Vorganges in keiner Weise verhindert sondern höchstens um einige Generationen hinausgezögert werden.

In dem Vorangegangenen ist u. a. versucht worden zu begründen, weshalb die artifiziellen und natürlichen Autotetraploiden nicht sofort nach ihrer Entstehung mit einem Selektionsvorteil aufwarten können, sondern erst nach einigen bis vielen Generationsfolgen die Möglichkeit erhalten, sich dem diploiden Ausgangsmaterial gegenüber leistungsmäßig zu behaupten. Dem Vorgang der Genomverdoppelung selbst kann nach den dargelegten Ergebnissen und Betrachtungen kein evolutionistischer Wert beigemessen werden, die Ploidiestufe bildet lediglich das Fundament für einen unterschiedlichen Evolutionsablauf innerhalb der Art. Nur unter diesem Gesichtspunkt ist m. E. die Meinung zu vertreten, die Polyploidie sei an der pflanzlichen Evolution beteiligt. Eine polyploide Reihe der Chromosomenzahlen einer Art berechtigt noch nicht zu der Annahme einer Evolution in polyploider Richtung. Für niedere Organismen kann die Haploidie durchaus von Vorteil sein, denn jede Mutation und genotypische Veränderung mit positivem Selektionswert für die Art tritt in der vegetativen Phase des Individuums sofort in Erscheinung. In der Humanmedizin besitzt das Problem der schnellen Entstehung neuer, pathogener, gegen die bisher angewandten Chemotherapeutika resistenter Krankheitserreger besondere Bedeutung. Nur ein plötzlich neu entstandener, resistenter Stamm wird hier die Chance haben, die Art vor der vernichtenden Wirkung des Chemotherapeutikums zu retten. Ein di- bzw. tetraploider Zustand würde unter diesen Gesichtspunkten der Erhaltung der Art keine wesentlichen Vorteile bringen. Daß sich zwischen di- und tetraploiden Formen ähnliche Betrachtungen anstellen lassen, ist bereits gesagt worden.

NILSSON (1953, Kap. IV S. 189) untersuchte an *Solanum Lycopersicum* und *Sol. nigrum* ob die polyploide Artserie auch eine Evolutionsserie darstellt. Er kommt allem Anschein nach zu der gleichen, oben bereits gemachten Feststellung, wenn er schreibt: „Denn soviel ist ja offenbar aus dem angeführten Falle klar, daß man nicht aus einer polyploiden Speziesserie auf eine Evolutionsserie in aufsteigender polyploider Richtung schließen darf."

Die weiteren Schlußfolgerungen von NILSSON hinsichtlich der Polyploiden stehen jedoch zu unseren Auffassungen im Gegensatz. Von der Tatsache ausgehend, daß natürliche Polyploide[1]) im Experiment nicht erhalten werden können, schließt er auf folgenden Ursprung derselben: „Es ist deshalb auch

[1]) Nach neueren Untersuchungen (vgl. SKIEBE 1956) können auch bei den im Experiment erhaltenen Tetraploiden morphologische Unterschiede zwischen solchen, die durch vegetative Kernverdoppelung (z. B. Colchicin oder Temperatur) und solchen, die aus Spezies-Paarungen herausspalten, beobachtet werden. NILSSON (1953) nimmt in diesem Fall aber keine Unterscheidung vor, für ihn sind auch die durch Spezies-Paarungen entstehenden Polyploiden hinsichtlich ihrer Bedeutung im Evolutionsgeschehen den durch Temperatur und Colchicin entstandenen gleichwertig (vgl. S. 224).

sehr wahrscheinlich, daß sie nicht als vegetative Kernverdopplungsprodukte gebildet worden sind, sondern ganz wie andere Variabilitätsformen der Art, also als genische Kombinationen. Erst eine bestimmte genische Konstitution bedingte die Chromosomenverdoppelung." NILSSON nimmt eine deutliche Trennung zwischen experimentellen (entstanden durch Colchicin, Temperatur, Speziesbastarde u. s. f.) und natürlichen Polyploiden vor. Er läßt zweifellos keinen möglichen Übergang hierbei zu, wenn er schreibt: „Meiner Meinung nach sind die experimentellen und intraspezifischen Polyploiden wesensverschieden, die ersteren nukleoläre Dauermodifikationen, die letzteren genische Varianten der Spezies." An anderer Stelle wird diese Meinung noch einmal zum Ausdruck gebracht: „Denn man fragt sich und wünscht auch eine Antwort auf die Frage: Weshalb sind die experimentellen Polyploiden, die jedoch so leicht durch steigende oder fallende Temperatur erzeugt werden können oder die in der Kultur so häufig auftreten, nicht in der Natur als Rassen zu finden? Weshalb findet man da andere polyploide Rassen, die andererseits nicht experimentell hergestellt werden können? Denn gerade das zeigt auch eine Durchmusterung des vorliegenden Polyploidenmaterials. Man hat also gerade in evolutionärer Hinsicht einen schroffen Gegensatz zwischen experimentellen und intraspezifischen Rassen". Für die Pflanzenzüchtung würden von dieser Perspektive aus gesehen keine großen Hoffnungen bestehen, systematisch wesentlich leistungsfähigere tetraploide Sorten erzeugen zu können, die ihre diploiden Vorfahren übertreffen. Die von NILSSON vertretene Meinung, daß eine bestimmte genische Konstitution erst eine Chromosomenverdoppelung ermöglicht, aus der die natürliche polyploide Form mit allen ihren Eigenschaften, die sie von den artifiziellen „Dauermodifikationen" unterscheidet, schlagartig hervorgeht, ist nach unseren theoretischen Überlegungen und experimentellen Feststellungen nicht anzunehmen. Eine genische Konstitution mit überdurchschnittlicher Leistung, die zur Entstehung der natürlichen Polyploiden nach NILSSONs Meinung notwendig ist, entsteht evtl. bei einem Einzelindividuum oder bei einer kleinen Zahl von Individuen, denn die Häufigkeit eines Auftretens mehrerer derartig günstiger genischer Kombinationen innerhalb einer Population ist gering. Im ersten Teil dieser Arbeit konnte bereits gezeigt werden, daß die Leistungsfähigkeit eines Genotyps stark aus dem Gleichgewicht gebracht werden kann, wenn Mutanten oder Inzuchten von Fremdbefruchtern auftreten. Bereits aus dieser Überlegung heraus ist nicht anzunehmen, daß einmalig aufgetretene leistungsfähige tetraploide Genotypen sich sofort stärker ausbreiten, denn ihre erbliche Variationsbreite ist dazu zu gering.

Es besteht wohl kein Zweifel, daß besondere genetische Konstitutionen in Diploiden die Voraussetzung für die Entstehung von leistungsfähigen Tetraploiden bilden. NILSSON verlegt die Voraussetzungen, die für eine Entstehung von leistungsfähigen Tetraploiden notwendig sind, ausnahmslos in die Diploiden und ist der Meinung, daß alle diejenigen diploiden Gameten und tetraploiden Pflanzen, die nicht von Diploiden mit für Tetraploide günstigen genetischen Konstitutionen abstammen, keine Rolle in der Evolution spielen.

In der Pflanzenzüchtung ist man sich im allgemeinen darüber einig, daß die frisch hergestellten Autotetraploiden keinen züchterischen Wert besitzen. Erst nach einer züchterischen Bearbeitung, die Heterozygotie, Gendosis und zytologische Unregelmäßigkeiten berücksichtigt, wird die Voraussetzung für die Entstehung von leistungsfähigen Tetraploiden geschaffen sein. Erfüllen die artifiziellen Tetraploiden trotz Berücksichtigung von Heterozygotie u. s. f. nicht die in sie gesetzten Erwartungen, wird angenommen, daß entweder die Chromosomen zahlenmäßig schon ihr Wirkungsoptimum überschritten haben oder die Art keine Gene besitzt, die ihre Wirkung über die zweifache Dosis hinaus noch steigern können. STEBBINS zeigt jedoch, daß diese Annahmen allein keine Erklärung für das Versagen einiger artifizieller Tetraploider hinsichtlich der Vitalität geben. M. E. ist es zur Herausbildung unserer heute vorliegenden natürlichen Autotetraploiden in der Weise gekommen, daß die jungen Polyploiden (darunter verstehe ich sowohl die „vegetativen Kernverdoppelungsprodukte“ als auch die durch bestimmte genetische Konstitution entstandenen Polyploiden) durch das nun auf höherer Ploidiestufe ablaufende Evolutionsgeschehen sich allmählich zu den derzeitigen Formen entwickelten. Der unterschiedliche Verlauf von Vererbungsvorgängen und Selektionen zwischen Haploiden, Di- und Tetraploiden zeigt, daß die Umweltbedingungen darüber entscheiden, welche Ploidiestufe die größten Vorteile für die Art bietet. Es wurde bereits gesagt, welche Vorteile in der Humanmedizin z. B. die Haploidie für Krankheitserreger besitzen kann. Andererseits kann die Tetraploidie gegenüber der Diploidie einen Vorteil besitzen, wenn angenommen wird, daß diploide Pflanzen eines Fremdbefruchters in einigen Generationen durch natürliche Bedingungen isoliert zum Abblühen gebracht werden, so daß eine Inzuchtdepression in den Nachkommenschaften auftritt. Der Selektionsnachteil, der durch die Selbstungen auftritt, wird bei den Diploiden größer sein als bei den Tetraploiden, weil diese in der ersten Inzuchtgeneration nicht eine derartig starke Leistungsdepression zeigen.

Von vornherein läßt sich jedoch nicht beurteilen, ob die Tetraploidie für eine diploide Art einen Selektionsvor- oder -nachteil bringen wird, darüber kann erst ein langjähriger Versuch entscheiden, weil der frischen artifiziellen tetraploiden Population noch die große Formenmannigfaltigkeit der Genotypen fehlt. Die praktische Züchtung auf artifiziell-tetraploider Basis gestaltet sich daher ungleich schwieriger als die auf diploider. Es sei dabei gar nicht so sehr an die fast unzähligen Sorten gedacht, die von einer einzigen Art (zum Beispiel *Triticum aestivum*) zur Verfügung stehen, sondern an die Formenfülle, die innerhalb einer einzigen Landsorte vorliegt. So konnte GRANHALL (zitiert nach ROEMER 1941) drei schwedische Hafer-Landsorten in nicht weniger als 1600 Linien trennen. Selbst innerhalb einer Zuchtsorte liegen die Verhältnisse hinsichtlich der Erbreinheit wesentlich komplizierter als vielfach angenommen wird. ROEMER (1941) bemerkt dazu, daß die Sorte eines Selbstbefruchters aus einer mehr oder weniger großen Zahl von „Biotypen" besteht. Er schreibt auf Seite 429 des Handbuches (Grundlagen) der Pflanzenzüchtung: „1. Eine in Großanbau überführte Sorte von Selbstbefruchtern ist meistens nicht eine reine Linie, sondern eine Mischung von 2–4–6 Linien, die sich im Laufe der Jahre in den Leistungsprüfungen der Ausgangsstätte als die ertragsreichsten erwiesen haben." Auf derselben Seite schreibt er weiter: „4. Bei jeder Vererbungs- und Züchtungsarbeit werden nur einige wenige Merkmale beobachtet und bewertet, und nur für diese Merkmale ist die Reinheit der Linie gesichert. Wenn solche Linien späterhin erneut einer Auslese nach anderen Eigenschaftsmerkmalen unterworfen werden, so kann eine Wirkung fortgesetzter Auslese sehr wohl in Erscheinung treten. Solches widerspricht nicht den grundlegenden Arbeiten von JOHANNSEN und FRUHWIRTH."

Aus dem Gesagten geht hervor, daß die Abgrenzung einer Sorte immer nur eine subjektive Angelegenheit des Beschauers bleiben wird. Wie schwierig oft die Erkennung des Populationscharakters einer scheinbar einheitlichen Sorte ist, konnte auch von STUBBE (1955) gezeigt werden. Von 20 untersuchten Winter- und Wechselweizen-Sorten spaltete eine der ersteren Sommertypen ab, die sich in den folgenden Jahren einheitlich als Wechselweizen erwiesen. Die Winterweizen-Sorte (Kaschitzer) ist bei morphologischer Gleichförmigkeit letztlich also eine Population zweier Linien mit verschiedenem physiologischem Verhalten. Das zeigt einprägsam, daß eine Sorte — auch die eines Selbstbefruchters — lediglich eine Population ist, wobei die Einengung dieser im wesentlichen von den zur Verfügung stehenden biologischen Testmethoden abhängt.

Durch BECKER (1954) ist das gesamte Problem der Bedeutung von Populationen in der Pflanzenzüchtung aufgezeigt worden, es soll deshalb hier nicht weiter darüber geschrieben, sondern unter diesem Blickwinkel die artifizielle Tetraploidie betrachtet werden.

Die Zahl der Pflanzen, die als artifizielle tetraploide C_0-Generation aus einem colchicinierten Material hervorgeht, ist meist sehr gering. Der tetraploide Stahl-Roggen wird zum Beispiel nach den Angaben von LUNDQVIST (1953) von 14—22 Pflanzen abgeleitet. Wie gering die Wahrscheinlichkeit ist, auch nur annähernd die große Zahl von Genen, die sich in einer diploiden Roggenpopulation befindet, in den tetraploiden Populationen wiederzufinden, ist nach den mathematischen Überlegungen von LUNDQVIST gezeigt worden. Es gelingt ihm — wenigstens zum Teil — nachzuweisen, daß der Inzuchteffekt seines Materials im wesentlichen von der Anzahl der in der untersuchten Population zur Verfügung stehenden Gene abhängt. Eine an Genen relativ arme artifiziell-tetraploide Population wird ganz allgemein in leistungsmäßiger Hinsicht nicht zufriedenstellen können. Es fehlt solchen Populationen an der notwendigen genetischen Variationsbreite, um wechselnden Wachstumsbedingungen (Witterungs- und Standorteinfluß sowie Schädlings- und Pilzbefall) widerstehen zu können. Populationen, denen z. B. Resistenzgene fehlen, werden von anderen, die solche besitzen, aus Gebieten verdrängt werden, in denen entsprechende Krankheitserreger stark verbreitet sind. Ist eine Population auf Grund ihres verarmten Allelbestandes nicht in der Lage, mehrere wertvolle Eigenschaften hervorzubringen, können wir von einer Population mit geringem „biologischen Druck" sprechen. Sie wird praktisch überhaupt keine ökologische Streubreite besitzen. Wie gering zum Beispiel der „biologische Druck" einer Kartoffelsorte gegenüber dem *Phytophthora*-Pilz sein kann, sei im folgenden erläutert. Wird eine Kartoffelsorte gezüchtet, die lediglich gegen einen einzigen *Phytophthora*-Biotyp immun ist und weiter keine Resistenz besitzt, so wird sich, wenn sie anschließend in ein Gebiet gebracht wird, in dem nur dieser eine Biotyp vorkommt, zunächst der geringe „biologische Druck" der Sorte nicht bemerkbar machen. Nach absehbarer Zeit aber wird der *Phytophthora*-Pilz durch Mutationen mit neuen Biotypen aufwarten, die sich dann ungehindert sehr rasch ausbreiten können. Die mögliche Haplophase des *Phytophthora*-Pilzes und eventuelle Kernmischungen bzw. -entmischungen (auch anderer Pilze, vgl. GÄUMANN 1951) ermöglichen eine relativ schnelle phänotypische Äußerung von Mutationen und neuen erblichen Kombinationen.

Daneben wird es eine große Zahl weiterer Gene geben, die für die „Abpufferung" von Umwelteinflüssen verantwortlich gemacht werden können. Es sei beispielsweise ganz allgemein an die vielen Einflüsse, denen die Kulturpflanzen ausgesetzt sind (Wetterverhältnisse, Boden, Höhenlage, Düngung und Bodenbearbeitung, Saattermine, Standraum, Unkraut, Schädlinge und nicht zuletzt ökonomische Bedingungen) gedacht. Frische artifizielle Autotetraploide zeigen ja auch tatsächlich unter extremen Umweltbedingungen einen stärkeren Leistungsabfall als vergleichbare Diploide. Daß die Bedeutung eines bestimmten Gens für eine Art zunächst nicht erkannt wird, sei an einem Beispiel der Humanmedizin erläutert. Die Sichelzellenanämie ruft ein verändertes Blutbild hervor. Die sonst mehr runde Form der Erythrozyten bekommt ein sichelähnliches Aussehen. Diese bislang nur für den Kliniker interessante Erkrankung ist nun auch ein Arbeitsfeld des Genetikers geworden (vgl. NACHTSHEIM 1955). NEEL (zitiert nach NACHTSHEIM) ist es durch eingehende Familienuntersuchungen gelungen, den Erbgang des Sichelzellengens festzustellen. Es sei hier den Ausführungen von NACHTSHEIM gefolgt. Träger des Sichelzellengens in einfacher Dosis weisen nur das Sichelzellenmerkmal auf, sind aber gesund, Träger des Gens in doppelter Dosis erkranken an der Sichelzellenanämie und gehen größtenteils daran zugrunde. Mit anderen Worten sind also die gesunden Sichelzellenträger die Heterozygoten, die kranken die Homozygoten. Ein krankes Kind kann danach nur entstehen, wenn beide Eltern Träger des Sichelzellenmerkmals sind. Theoretisch sind von zwei „Sichlern" 75% „sichelnde" Kinder zu erwarten, darunter ⅓ mit Anämie.

Von besonderem Interesse ist nun aber die Häufigkeit und Verbreitung dieses Gens. Zunächst wurde angenommen, daß das Gen rassegebunden ist, da Untersuchungen an 22000 Negern aus den USA 9% heterozygote „Sichler" aufwiesen. Weitere Untersuchungen an 18000 Negern verschiedener Stämme ergaben jedoch, daß einzelne Stämme frei von „Sichlern" sind, in anderen dagegen zum Teil mehr als 40% Träger des Gens gefunden wurden. In jüngster Zeit erst (ALLISON 1954 vgl. NACHTSHEIM) gelang es, durch umfangreiche Untersuchungen die Bedeutung dieses Gens aufzuklären. Der genannte Autor verglich die Häufigkeit des Auftretens dieses Gens mit dem der Malaria und konnte eine deutliche Abhängigkeit feststellen und beweisen.

Das Gen in seiner heterozygoten Form erhöht also die Vitalität in Malaria-verseuchten Gegenden und ist imstande, gegen diesen Umwelteinfluß „abzupuffern". Die Häufigkeit des Auftretens des Sichelzellenmerkmals ist in Malariagebieten von der Wirkungsstärke zweier Faktoren abhängig. Die homozygoten Nichtträger werden einmal von den „Sichlern" zurückgedrängt werden, die einen Selektionsvorteil gewinnen; dieser wird sich aber nur dann behaupten können, wenn der 2. Faktor, nämlich das allzu gehäufte Auftreten homozygoter „Sichler", nicht zu häufig wird. Würde nun eine Population aus einer stark Malaria-verseuchten Gegend in eine nicht verseuchte gebracht werden, so würde das Gen stark zurückgehen bzw. ganz verschwinden. Diese Annahme hat sich bereits bei der Auswanderung von Negern nach den USA bestätigt.

Pflanzliche Populationen, die aus einer kleineren Zahl artifizieller tetraploider Co-Pflanzen entstanden sind, werden von vornherein an Genen verarmt sein. Neu hinzukommende Mutationen mit anschließender natürlicher Selektion müßten zwar diesen Mangel vermindern, die Zeit, die hierzu gebraucht wird, ist aber — wie bereits betont — bei den Tetraploiden länger als bei den Diploiden. Hinzu kommt, daß die Genhäufigkeit, die durch die gegebenen Lebensbedingungen der Population stark wechseln kann (z. B. Sichelzellenträger in Europa und Afrika), bei den frischen artifiziell-tetraploiden Populationen durchaus noch nicht ins Gleichgewicht gebracht worden ist. Würde beispielsweise die Vererbung der Sichelzellenanämie auf tetraploider Basis beruhen, so würde ein einziger Sichelzellenträger in Nordeuropa, wo dieses Gen eine negative Bedeutung für die Art besitzt, zunächst einen größeren „Herd" von Sichelzellenträgern schaffen, weil der Anteil der Heterozygoten lebensfähig ist und der Prozentsatz dieser höher sein wird als bei Diploiden in demselben Fall. Sowohl bei den Diploiden als auch bei den Tetraploiden würde das Gen in Nordeuropa wieder verschwinden, die aufgetretene „Genwelle" wäre aber auf tetraploider Basis breiter und höher. In ähnlicher Weise würde eine frische tetraploide Klee-Nachkommenschaft, die aus einer einzigen, selbstfertilen Pflanze hervorgegangen ist, erst nach einigen Generationen wieder in ihr Allelgleichgewicht zu bringen sein. Die „competition"-

Pollentypen würden zwar für eine hohe Fertilität sorgen, die damit verbundene stärkere Inzucht würde jedoch einen starken Rückgang der Wüchsigkeit verursachen. Erst allmählich würde sich mit Hilfe neuer S-Allele, die keine „competition"-Pollentypen zu bilden vermögen, ein Gleichgewicht zwischen Selbstfertilen und Selbststerilen einstellen. Das Verhältnis zwischen selbstfertilen und selbststerilen Pflanzen in einer Population hängt aber stark von der Zahl der zur Bestäubung zur Verfügung stehenden Insekten des Vorjahres ab. Ist in einem Jahr die Zahl der bestäubenden Insekten sehr gering, werden alle selbstfertilen Pflanzen einen relativ höheren Samenansatz aufweisen als selbststerile. Treten die bestäubenden Insekten in einem Jahr verstärkt auf, setzen die selbststerilen Pflanzen ebensoviel Samen an wie die selbstfertilen. In einem stark lückenhaften Bestand, dessen Pflanzen weit auseinander stehen, werden ebenfalls die selbstfertilen Pflanzen relativ mehr Samen ansetzen als die selbststerilen.

Wenn die vorstehenden Betrachtungen auch für die frischen artifiziellen Autotetraploiden zutreffen sollen, müßten diese bereits ohne züchterische Selektionsmaßnahmen in ihrer allgemeinen Leistungsfähigkeit besser werden. Besonders in den ersten Generationen nach der Colchicinierung dürfte die durch natürliche „Selektion" erzielte Verbesserung hinter der des Züchters nicht wesentlich zurückstehen. Das zu einer Entscheidung in dieser Frage notwendige tetraploide, mehrere Generationen gleichzeitig unselektioniert und selektioniert vorliegende Pflanzenmaterial ist noch sehr gering. Immerhin liegen bereits durch Zahlen fundierte Angaben vor, die diese Annahmen bestätigen würden. RASMUSSON (1953) prüfte den Rübenertrag, Zuckergehalt und -ertrag zwischen Diploiden einerseits und selektionierten und nicht selektionierten tetraploiden Rüben andererseits. Die Versuche erstreckten sich von der C_3- bis zur C_5-Generation. Das tetraploide Ausgangsmaterial umfaßte nur sehr wenige Pflanzen. Sowohl die selektionierten als auch die nicht selektionierten, tetraploiden Rüben wiesen von der C_3 zur C_5 eine deutliche Verbesserung der Leistung gegenüber den Diploiden auf. Die Differenzen konnten sehr gut gesichert werden (der P-Wert lag im Zuckerertrag $< 0{,}001$). Anders sieht es aber aus, wenn der Erfolg selektionierter gegenüber dem nicht selektionierter Rüben geprüft wird. Die Unterschiede sind dann zugunsten der Selektion sehr gering und können kaum gesichert werden, der P-Wert geht nicht unter 0,2. Eine ähnliche Feststellung kann hinsichtlich der Fertilität in einem schwedischen, tetraploiden Rotklee-Stamm gemacht werden (MAKUS 1955). Der Samenertrag pro ha stieg von der 4. Generation mit 30 kg/ha in der 5. Generation auf 160 kg/ha an, um in der 6. einen solchen von 360 kg/ha zu erreichen. Der Autor schreibt selbst dazu: „Die Fertilität des tetraploiden Rotklees steigt in den höheren Generationen — vermutlich durch natürliche Selektion — beträchtlich an."

Für diese natürliche Verbesserung können mehrere Ursachen verantwortlich gemacht werden. Es besteht einmal die Möglichkeit, daß durch Auslese auf

„competition“-pollenbildende Pflanzen die Fertilität erhöht würde. Andererseits kann sich die vom Genotyp abhängige Fertilität, die sich zugunsten der genotypisch fertileren Formen stärker ausbreiten wird, bemerkbar machen. Auch der durch Unregelmäßigkeiten während der Reduktionsteilung verursachte Fertilitätsrückgang kann allmählich herausselektioniert worden sein. Welche Fertilitätssteigerungen damit erzielt werden können, ist von einigen Autoren (vgl. QUADT 1955) gezeigt worden. Außerdem kann — wie bereits öfter betont — die Population in ihrer gesamten genetischen Basis erweitert worden und allmählich ein genetisches Gleichgewicht innerhalb der einzelnen Gene eingetreten sein.

III. MÖGLICHKEITEN, DIE DER TETRAPLOIDEN KLEEZÜCHTUNG AUS DEN BESCHRIEBENEN BESONDERHEITEN ERWACHSEN

Bei einem Rückblick auf die bisher zitierten experimentellen und theoretischen Ergebnisse und die daran angeknüpften Überlegungen ist zu bemerken, daß ein züchterischer Erfolg nie allein durch Anwendung rein genetischer Möglichkeiten zu erreichen ist, sondern daß immer auch die durch die Evolution hervorgerufenen Vorgänge und Veränderungen eine unerläßlich wichtige Beachtung finden müssen. Die Pflanzenzüchtung könnte demnach als das Produkt aus dem Zusammenwirken genetischer mit evolutionistischen Vorgängen betrachtet werden oder bereits enger gefaßt als die vom Menschen gesteuerte Evolution. BECKER (1954) weist darauf hin, daß bereits DARWIN ähnliche Vorstellungen über die Rolle der Pflanzenzüchtung im Evolutionsgeschehen besaß.

Für den praktischen Pflanzenzüchter ist die Aufgabe, genetische Belange mit dem evolutionistischen Geschehen in Einklang zu bringen, nicht einfach. Die Bewertung eines Genotyps bzw. einer Sorte kann stets nur relativ sein. Zum Beispiel kann ein über längere Zeit konstant gehaltener Genotyp in seiner Bedeutung in wenigen Jahren stark zurückgehen. Wir brauchen nur anzunehmen, daß dieser Genotyp resistent gegenüber den vorhandenen Krankheitserregern war, durch das Hinzukommen neuer aggressiver Krankheitserreger jedoch seine züchterische Bedeutung weitgehend verloren hat. Der Genotyp ist zwar der gleiche geblieben, aber sein züchterischer Wert hat sich verändert. Beispielsweise sind die theoretischen Grundlagen der *Phytophthora*-Biotypenresistenz-Vererbung weitgehend geklärt, das züchterische Interesse dafür bleibt jedoch aus, weil allzu schnell neue *Phytophthora*-Biotypen auftreten können. Faktoren wie Krankheitserreger, Witterungsbedingungen und selbst die agrotechnischen Veränderungen stehen „im Wettlauf" mit dem Pflanzenzüchter, und es läßt sich leider selten vorhersagen, wie schnell eine Veränderung eintreten wird. Auch bei der frischen, artifiziellen tetraploiden Form ist vorerst nicht zu übersehen, ob sich die durch die Tetraploidie in andere Bahnen gelenkten genetischen und evolutionistischen Vorgänge auch leistungssteigernd auswirken werden.

Die frischen, artifiziellen Tetraploiden unterscheiden sich von den Diploiden bereits hinsichtlich der Anzahl von Generationen, die sie natürlichen und artifiziellen Selektionen unterworfen waren. Vorausgesetzt wird allerdings, daß vor der Herstellung der artifiziellen Tetraploiden diese keiner Selektion, die für sie als Tetraploide von Bedeutung ist, unterlagen. Denn das diploide Ausgangsmaterial unterlag bereits unzählige Generationen hindurch den Einflüssen der natürlichen Evolution, den artifiziellen Tetraploiden fehlt diese Periode im tetraploiden Zustand, sie haben sie nur vor der Tetraploidisierung im diploiden Zustand durchlaufen. Es wäre eine interessante und vielleicht auch lohnenswerte Aufgabe, die verschiedenen Selektionsvorgänge, die lediglich auf natürliche Weise in positiver und negativer Richtung erfolgen, unter züchterische Kontrolle zu bringen. Viele solcher natürlichen Selektionsvorgänge werden systematisch in der Pflanzenzüchtung genutzt. Die noch recht verbreitete Meinung, durch zielstrebiges und planmäßiges Einschalten von Selektionsvorgängen der natürlichen Selektion gegenüber einen großen Vorteil zu haben, da evtl. größere Umwege, wie sie bei natürlicher Selektion vorkommen, vermieden werden, besteht wohl nicht ganz zu Recht. Denn werden die artifiziellen Tetraploiden bald nach ihrer Herstellung Züchtungsmethoden unterworfen, ist ihre Verbesserung gegenüber dem vergleichbaren nicht selektierten Material häufig unbefriedigend. Die Leistungsfähigkeit der jungen artifiziellen tetraploiden Population verbessert sich auch ohne züchterische Lenkung allein durch den natürlichen Selektionsvorgang. Dies wird durch die Arbeiten von RASMUSSEN (1953) bekräftigt. Die von ihm bei frischen artifiziell-tetraploiden Zuckerrüben durch bewußte, züchterische Selektion erzielte Leistungsverbesserung war gegenüber der einer natürlich selektionierten vergleichbaren tetraploiden Zuckerrübenpopulation kaum nennenswert. Das zeigt, wie wichtig zunächst ein natürlicher Selektionsvorgang für die artifiziellen Tetraploiden ist. Daher ist die erste Forderung, die für die Züchtung von artifiziellen autotetraploiden Kulturpflanzen zu erheben ist, die Schaffung einer großen Population, die alle nur erreichbaren Sorten und Varietäten umfaßt, und die dann einige Generationen unter den jeweiligen Bedingungen der Zuchtstätte und ihrer Außenstellen ohne züchterische Selektionsmaßnahmen zur Vermehrung gelangt. Auf diese Weise ist es möglich, alle diejenigen Eigenschaften in die Population aufzunehmen und in ihr anzureichern, die eine Leistungsverbesserung derselben verursachen. Erst wenn die durch „natürliche Selektion"[1]) hervorgerufene Verbesserung nachzulassen droht, wird es zweckmäßig sein, mit der züchterischen Arbeit zu beginnen.

Die durch natürliche Selektion eintretende Verbesserung der Leistungsfähigkeit artifiziell tetraploider Populationen wird selbstverständlich zum Teil auf der Vermehrung von solchen Merkmalen und Eigenschaften beruhen, die ebensogut bzw. schneller mit Hilfe züchterischer Maßnahmen erreicht werden könnten. Auf diese soll es jedoch bei der natürlichen Selektion nicht

[1]) Unter „natürlicher Selektion" werden hier lediglich keine züchterischen Maßnahmen verstanden, die notwendigen acker- und pflanzenbaulichen Bedingungen sollen jedoch vorhanden sein.

ankommen, vielmehr auf jene Merkmale und Eigenschaften, die für die zukünftige Sorte wichtig, aber dem Züchter aus mangelnder Kenntnis des Evolutionsgeschehens nicht greifbar sind.

Eine artifiziell-tetraploide Selbstbefruchter-Population wird in der Zeiteinheit durch die „natürliche Selektion“ bei weitem nicht dieselben Aussichten auf Verbesserung haben wie eine solche von Fremdbefruchtern. Immerhin ist anzunehmen, daß auch sie eine Verbesserung ihrer Leistungsverhältnisse erfährt. Beispielsweise ist der gemischte Anbau von Genotypen und die damit verbundene Leistungserhöhung innerhalb der Selbstbefruchter anscheinend stark verbreitet. Hierin mag zum Teil auch der bisher noch geringe Erfolg der züchterischen Arbeiten mit artifiziellen tetraploiden Selbstbefruchtern begründet liegen.

Erst wenn nach Jahrzehnten die artifiziellen Tetraploiden der diploiden Form hinsichtlich ihrer Leistungsfähigkeit immer noch unterlegen sind, ist der Schluß berechtigt, daß durch die auf anderer Ploidiestufe ablaufenden vererbungs- und entwicklungsphysiologischen Prozesse der Art keine Vorteile erwachsen. Es bleibt jedoch offen, ob die Tetraploidie nicht durch völlig veränderte Lebensbedingungen für bestimmte Formen doch eine Bedeutung erlangt.

Im folgenden soll nun versucht werden, die in den vorstehenden Abschnitten besprochenen genetischen und evolutionistischen Besonderheiten hinsichtlich ihrer Auswirkung auf die Züchtung am Beispiel des tetraploiden Klees zu beleuchten. Unter „Klee“ sollen die drei wichtigen Kleearten Rot-, Weiß- und Schwedenklee verstanden werden, die zwar hinsichtlich der Zuchtziele mehr oder weniger stark differieren, in der züchterischen Behandlung aber nur unwesentliche Unterschiede aufweisen. Die züchterische Bearbeitung des Klees erstreckt sich in den meisten Fällen sowohl auf die vegetative Entwicklung als auch auf die Samenproduktion. Es ist also das Beispiel einer Kombination zweier wichtiger Zuchtziele gewählt worden, die an den Züchter besonders hohe Anforderungen stellen. Bereits bei der ersten Vorarbeit zur Züchtung, bei der Auswahl der zu colchicinierenden Pflanzen, wird es zweckmäßig sein, eine große Zahl von Herkünften zu verwenden, um damit eine entsprechende Variationsbreite zu schaffen. Die nach Colchicinierung entstehenden tetraploiden Pflanzen werden zweckmäßig alle untereinander zum Abblühen gebracht und einzelpflanzenweise geerntet. Durch diesen Schritt ist die Möglichkeit einer Kontrolle der Chromosomenverhältnisse jeder Einzelpflanzennachkommenschaft gegeben bzw. einer Vorselektion der Samen (Größenunterschiede) auf Tetraploidiecharakter. Nach derartig erfolgter Kontrolle bzw. Vorselektion wird es notwendig sein, eine „Großpopulation“ zu schaffen, d. h. einen Teil der Samen jeder Einzelpflanze zu einer Population zu mischen, in die auch tetraploide Herkünfte anderer Zuchtstationen eingebracht werden sollten. Der verbliebene Samenrest jeder Einzelpflanzennachkommenschaft ist am günstigsten getrennt weiter zu vermehren, denn aus diesen getrennt angezogenen Nachkommenschaften lassen sich bereits

Voraussagen über den Besitz bestimmter Leistungsmerkmale der Co-Mutterpflanzen machen. So konnte z. B. von uns beobachtet werden, daß sich Co-Mutterpflanzen von Lembkes Rotklee gegenüber anderen Rotkleeherkünften durch eine bessere Samenfertilität, relativ höhere Zahl an „competition-Pollenklassen"-bildenden Pflanzen und durch eine bessere Wüchsigkeit auszeichnen. Co-Mutterpflanzen mit gutem Erbwert können dann gepaart werden und danach zweckmäßigerweise geselbstet, um selbstfertile Populationen mit lediglich 2 S-Allelen zu gewinnen.

Ist die generative Vermehrung der „Großpopulation" unter den gegebenen Bedingungen der Zuchtstation und ihrer Außenstellen einige Generationen hindurch erfolgt, dann setzt die eigentliche Zuchtarbeit ein. Es ist anzunehmen, daß durch die wiederholte Generationenfolge ein allmähliches Gleichgewicht der Gene erreicht ist. Die S-Allele werden in der tetraploiden Population zahlenmäßig annähernd die gleiche Höhe besitzen wie in der diploiden. Die Zahl selbstfertiler Pflanzen in „Großpopulationen" wird — je nach den klimatischen Verhältnissen und des sich daraus ergebenden mehr oder minder starken Auftretens von bestäubenden Insekten — etwa 50% bis 80% betragen. Je weniger S-Allele in der Ausgangspopulation vorhanden waren, um so länger wird es dauern, bis die aus ihr hervorgehenden Generationen hinsichtlich ihrer S-Allele ins Gleichgewicht gekommen sind.

Aus dem Gesagten wird verständlich, warum der Züchter zu Beginn der eigentlichen Zuchtarbeit auf einige rein selbstfertile und selbststerile Populationen sowie auf die ganze Variationsbreite der „Großpopulation" zurückgreifen sollte.

Die selbststerilen Nachkommen aus Paarungen zweier selbststeriler 4n-Co-Mutterpflanzen sollte man isoliert von anderen Nachkommenschaften abblühen lassen. Eine solche Nachkommenschaft wird 3 oder 4 S-Allele besitzen und unter natürlichen Bedingungen einen größeren Prozentsatz kreuzungssteriler Pflanzen hervorbringen (Intersterilität). Somit würden außer rein selbstfertilen, tetraploiden Stämmen zusätzlich noch „Intersterilitätsstämme" zur Verfügung stehen. In der tetraploiden „Großpopulation" soll im Idealfall das gesamte züchterisch gewünschte Ausgangsmaterial, das dem Züchter bereits bei Beginn seiner Arbeit zur Verfügung steht, vorhanden sein.

Gehen wir näher auf die Vor- und Nachteile einiger Zuchtmethoden des Klees ein, so kann zunächst festgestellt werden, daß oft nur allgemeine Hinweise für die züchterische Bearbeitung desselben gegeben werden (vgl. Handbuch der Pflanzenzüchtung 1943). Von dem Norweger WEXELSEN (1945) — einem sehr erfolgreichen Kleezüchter — liegen aber einige Aufzeichnungen über seine jahrzehntelangen Züchtungsarbeiten an diploidem Klee vor. Seine Erfahrungen in der Anwendung verschiedener Zuchtmethoden sollen zunächst bei der Besprechung der einfachen Massenselektion Berücksichtigung finden.

Gerade zur Massenselektion — das muß wohl hinzugefügt werden — ist eine besonders geschickte, durch lange züchterische Erfahrung geschulte Kraft notwendig, die solche Typen herausfindet, die zusammengebracht eine leistungsverbesserte Population hervorbringen. Ratsam ist dabei meist, zum Zwecke einer besseren Beurteilung der Einzelpflanze innerhalb einer Population, jeder Pflanze einen größeren Standraum zu geben. Die den züchterischen Belangen am besten zusagenden Typen werden dann bezeichnet, herausselektioniert und zu einer neuen Population vereinigt. Die unselektionierte Population eines dichten Feldbestandes würde durch eine natürliche Selektion innerhalb ihrer Typen zu nicht wesentlich anderen Resultaten hinsichtlich der Populationsverbesserung kommen als der Züchter (es muß hierbei allerdings die Voraussetzung gemacht werden, daß die zu selektionierende Population bereits in dem Zuchtgebiet bodenständig ist und die Leistung nicht ausgesprochen schlecht ist). Im natürlichen, dichten Kleebestand spielen sich ja ähnliche Vorgänge wie im Zuchtfeld ab. Der dichte Pflanzenbestand wird von vornherein nur den Pflanzen eine größere Chance zur stärkeren Weitervermehrung ihrer erblichen Anlagen geben, die unter den Klima- und Bodenbedingungen und den pflanzenbaulichen Maßnahmen auch die größte Leistungsfähigkeit aufbringen. Pflanzen, die mit derartigen Verhältnissen nicht zurecht kommen, werden mehr oder weniger stark von einer weiteren Nachzucht ausgeschlossen. Dieser Ausschluß wird aber im Gegensatz zu den züchterischen Selektionsmaßnahmen nicht vollständig sein. So nachteilig dies im ersten Augenblick auch erscheinen mag, wird die Population doch unter bestimmten Bedingungen derartiger Genotypen — zumindest im heterozygoten Zustand — bedürfen, es sei nur an das Beispiel der Sichelzellenanämie erinnert. Diese Genotypen sorgen für eine stabilere Leistung der Art bei einem evtl. Auftreten extremer Lebensbedingungen. Unter den recht gleichmäßig gehaltenen Bedingungen des Prüffeldes wird die Massenselektion der natürlichen in geringem Umfang überlegen sein, weil die leistungsvermindernden Genotypen unter gleichmäßigen Bedingungen nur eine negative Wirkung ausüben werden. Sie sind nicht gezwungen, ihre „gute Seite" zu zeigen. In den Anbaugebieten, in denen mit verschiedenen Boden-, Klima- und Kulturbedingungen zu rechnen ist, wird aber dieser im Prüffeld vorhandene Vorteil verschwindend klein sein. Eine Massenselektion wird dann zum Erfolg führen, wenn es gelingt, sämtliche Typen, die innerhalb der zu selektionierenden Population aufgetreten sind, nach ihrem bei bestimmten Bedingungen vorliegenden Wert abzuschätzen. Da aber die wissenschaftlichen Methoden in vielen Fällen noch nicht ausreichend sind (vielleicht auch nicht ausreichend genug werden können), wird sich der Züchter auf seine Erfahrungen und auf seinen „guten Blick" dafür stützen müssen. Die Einschätzung der züchterischen Arbeit als „Kunst" ist deshalb nicht unbegründet. Hinzu kommt noch, daß die gegenseitige Hilfe bestimmter Genotypen nicht gleichgültig und daher bei der Vereinigung zu einer neuen Population zu berücksichtigen ist. Wenn es darum geht, bestimmte Merkmale wie Krankheitsresistenz, Winterfestigkeit u. ä. in eine Population aufzunehmen, wird zwar die bewußt betriebene Selektion einen Vorteil bringen, hinsichtlich der allgemeinen Leistungsverhältnisse wird sie aber wenig Aussichten auf eine Verbesserung versprechen.

In dieser Hinsicht werden sich die artifiziellen Tetraploiden prinzipiell nicht von den Diploiden unterscheiden. Für eine wesentliche Leistungsverbesserung der Di- und Polyploiden wird daher die Massenselektion als alleinige züchterische Maßnahme nicht ausreichen, es werden zusätzlich noch andere Methoden anzuwenden sein. Es wäre jedoch zu voreilig, wollte man der Massenselektion jegliche mit ihr erzielbare Leistungsverbesserung absprechen. Nicht allein die Methode, sondern auch die Beständigkeit, mit der über Generationen hinweg immer die gleichen Zuchtziele verfolgt werden, ist wesentlich. Das zeigt sich sehr deutlich an Prof. Dr. h. c. Lembkes Sorten. Die genetische Polymorphie kann gleichsam durch die beständig in einer bestimmten Richtung wirkende Selektion ausgerichtet werden (nicht mit einer genetischen Einengung identisch). Die durchschnittliche Ertragshöhe der Genotypen eines Fremdbefruchters kann sowohl durch die überwiegende Wirkung additiver als auch durch die von Dominanzeffekten zustandekommen. Ob vorwiegend die additive oder die dominante Wirkung der vielen an der Ertragsbildung beteiligten Gene eine Rolle spielt, wird maßgeblich durch die Auslesemethode bestimmt.

Als eine dieser Methoden soll u. a. hier die Erzeugung von F_1-Familien und deren Folgegenerationen Erwähnung finden, da sie im Zusammenhang mit den komplizierteren Spaltungsverhältnissen der Tetraploiden eine gewisse Bedeutung besitzt. Es kann nach den schon recht umfangreich vorliegenden Beobachtungen (vgl. WEXELSEN 1945) festgestellt werden, daß innerhalb bestimmter Herkünfte ein mehr oder weniger großer Teil der Pflanzen in der F_1 einen Heterosiseffekt zeigt. Selbst innerhalb einer Herkunft sind Pflanzen vorhanden, die untereinander gekreuzt einen derartigen Effekt ergeben; das kommt jedoch selten vor. In den meisten Fällen ist ein normales intermediäres Verhalten ohne Heterosiswirkung in der F_1 zu erwarten. Werden derartige, eine Heterosis aufweisende oder nicht aufweisende F_1-Geschwisterpflanzen gepaart, tritt unter den Nachkommen ein hoher Inzuchteffekt auf. Dieser ist allgemein so hoch, daß die Durchschnittsleistung der F_2 weit unter dem Durchschnitt der beiden elterlichen Populationen liegt. Diese Beobachtung konnte an der Mehrzahl der von WEXELSEN und von uns untersuchten F_2-Populationen gemacht werden. Die Hoffnung, von einer diploiden, unselektierten F_2-Rotkleepopulation noch einiges an Leistungsfähigkeit zu erwarten, muß demnach aufgegeben werden. Auch die bei einer Kombinationszüchtung durchgeführte Auslese von züchterisch wertvoll erscheinenden Typen aus einer solchen F_2- oder späteren Generation und die getrennte Anzucht von Einzelpflanzen-Nachkommenschaften führt immer zu einem Nachlassen der Leistungsfähigkeit in den Folgegenerationen. Die einzelne Kleepflanze wird durch das ausgewogene Fertilitätssystem innerhalb einer Population auf einer möglichst hohen Heterozygotiestufe gehalten, so daß jegliche Einengung der Genotypen eine Verminderung der Heterozygotie und damit der Leistungsverhältnisse verursachen wird. Auch die Auswahl der leistungsmäßig besten Pflanzen und deren weitere Vermehrung in Einzelpflanzen-

Nachkommenschaften wird deshalb das gewünschte Ziel nicht erreichen können. Erst bei einer Mischung von mindestens 4 diploiden F_1-Populationen wird durch die Bestäubung der Stämme untereinander in der F_2 und in späteren Generationen ein Leistungswert erreicht, der gegenüber den F_1-Stämmen keinen nennenswerten Leistungsabfall zeigt (vgl. WEXELSEN 1945).

Die tetraploide F_2-Population unterscheidet sich in leistungsmäßiger Hinsicht ebenfalls sichtlich von ihrer F_1. Durch das — wie bereits gesagt — verhältnismäßig komplizierte Spaltungsverhalten der Tetraploiden steigt der Prozentanteil ihrer Homozygoten nicht so schnell an wie der der Diploiden. Die Inzuchtdepression ist in der F_2 dementsprechend geringer, doch kann man nach den von uns erhaltenen Zahlen keine Hoffnung haben, daß durch eine Geschwisterpaarung lediglich innerhalb einer 4n-F_1-Population in der F_2 und in den folgenden Generationen eine für die Praxis brauchbare Population entsteht. Das Genmaterial hat eben eine zu starke Einengung erfahren. Man darf deshalb aber nicht behaupten, daß der Klee in jedem Fall bei Vernachlässigung der Heterozygotie starke Inzuchtschäden zeigt. So konnten wir z. B. bei einigen tetraploiden Selbstungsnachkommenschaften von Lembkes Rotklee nur sehr geringe, bei einigen Selbstungsnachkommenschaften portugiesischer Herkunft aber sehr starke Inzuchtdepressionen beobachten. Eine spezielle züchterische Vorbehandlung sowie das genetische Material üben sicher einen bedeutsamen Einfluß auf die Inzuchtschäden aus.

Die Fertilitätsverhältnisse der Tetraploiden können erhebliche Unterschiede aufweisen. Betrachten wir die Kreuzung zweier tetraploider Pflanzen, die sich nur in 4 S-Allelen unterscheiden, so ist eine F_1 zu erwarten, die auch unter natürlichen Verhältnissen einen gewissen Prozentsatz nicht samenansetzender Pflanzen besitzt (Intersterilitätsstamm). Verwenden wir dagegen 2 elterliche tetraploide Pflanzen, die sich bereits in mehr als 4 S-Allelen unterscheiden, zur Kreuzung, so entsteht eine F_1-Nachkommenschaft, die keine derartig sterilen Pflanzen besitzt. Daraus kann die praktische Konsequenz gezogen werden, daß durch Mischung mehrerer Intersterilitätsstämme der Kreuzungsprozentsatz von Stamm zu Stamm höher sein wird, als durch Mischung von Stämmen, deren Pflanzen „competition"-Pollenklassen zu bilden vermögen. Mit anderen Worten: Die Pflanzen eines Stammes, die „competition"-Pollenklassen zu bilden vermögen, werden bei einer Mischung mit anderen Stämmen einen höheren Prozentsatz an „stammeseigenen Kreuzungen" aufweisen als ein Intersterilitätsstamm, der keine derartige „competition"-Pollenklasse bildet.

Bei Diploiden reicht im allgemeinen eine Mischung von 4 F_1-Stämmen aus, um die Leistungsdepression auszuschalten. Auch bei Tetraploiden dürften zu einer derartigen Mischung nicht mehr Stämme nötig sein, weil für die Pflanzen eines Intersterilitätsstammes die Möglichkeit der Bestäubung mit Pollen von Pflanzen eines anderen Stammes größer ist als bei Diploiden.

Da die Zahl der Stämme, die keine „competition"-Pollenklasse bilden und deren S-Allelzahl nicht über 4 hinausgeht, aus praktischen Gründen verhältnismäßig niedrig sein muß, wird es vorteilhaft sein, aus der zur Verfügung stehenden variationsreichen Population den jeweiligen Boden- und Klimaverhältnissen entsprechende fertile, leistungsfähige Stämme herauszuselektionieren, ohne dabei auf die Intersterilität zu achten. Diese Stämme können dann mit den Intersterilitätsstämmen gemischt eine synthetische Sorte ergeben, die viele heterozygote, leistungsfähige Pflanzen enthält.

In einem „Züchtungsprogramm" tetraploiden Klees können außerdem noch die Stämme berücksichtigt werden, deren Pflanzen ausschließlich selbstfertil sind. Es ist zwar sehr wahrscheinlich, daß derartige, zumeist ingezüchtete Stämme hinsichtlich der Wuchsleistung nicht zufriedenstellen, daß aber bei einer Mischung mit Komponenten einer synthetischen Sorte die Fertilität gehoben werden kann. Außerdem ist bei der Einkreuzung ingezüchteter, selbstfertiler Pflanzen eine gewisse Heterosisleistung zu erwarten, die sich günstig auf die Leistungshöhe der synthetischen Sorte auswirken wird.

Nach eigenen Beobachtungen ist unter für die bestäubenden Insekten günstigen Witterungsbedingungen der prozentuale Samenansatz selbstfertiler Weißkleepflanzen nicht höher als in einer Population selbststeriler Pflanzen, andererseits verändert sich die Samenfertilität aber stark zugunsten der Selbstfertilen, wenn für die Bestäubung ungünstigere Witterungsbedingungen eintreten und vor allem dann, wenn die Zahl der S-Allele bei den selbststerilen Pflanzen sehr gering ist.

Die am Weißklee gewonnenen Fertilitätsergebnisse sind aber nicht in jeder Hinsicht auf Schweden- und Rotklee, auch nicht innerhalb einzelner Sorten, übertragbar. So konnte beispielsweise an selbstfertilen tetraploiden Rotkleepflanzen Malchower Herkunft beobachtet werden, daß nicht bestäubte Blüten im Vergleich zu anderen Herkünften einen relativ hohen Samenansatz gaben.

Zu untersuchen ist die Möglichkeit einer Anhäufung von Leistungsgenen in selbstfertilen Pflanzen und deren Populationen. Schon wiederholt ist beobachtet worden, daß Vorbedingung für eine gute Leistungsfähigkeit des diploiden Klees außer der Heterozygotie auch die Wirkung von additiven und dominanten Leistungsgenen ist. Es wäre vorstellbar, daß ein Versuch, Leistungsgene ausfindig zu machen und diese in Selbstfertilen anzureichern, dem Züchter eine gewisse Ausgangsbasis für bestimmte Zuchtrichtungen, z. B. Älchenresistenz, Winterfestigkeit, Wuchsform und Langlebigkeit schaffen könnte. Dieses Ziel wäre jetzt zeitlich durch die gegebene Selbstungsmöglichkeit viel einfacher zu erreichen. Anschließend müßte dann aber eine schlagartige, starke Ausdehnung der Heterozygotie der Gene stattfinden, um der Population auch eine hohe Leistungsfähigkeit zu verleihen. Pflanzen, die zahlreiche Leistungsgene auf sich vereinigt haben, dürften kein so tiefliegendes Inzuchtminimum besitzen wie jene, deren Leistung lediglich durch die Heterozygotie der Gene hervorgerufen wird.

Es könnten noch weitere Probleme der Kleezüchtung aufgeworfen werden, die aber im einzelnen zu keiner wesentlich anderen züchterischen Arbeit

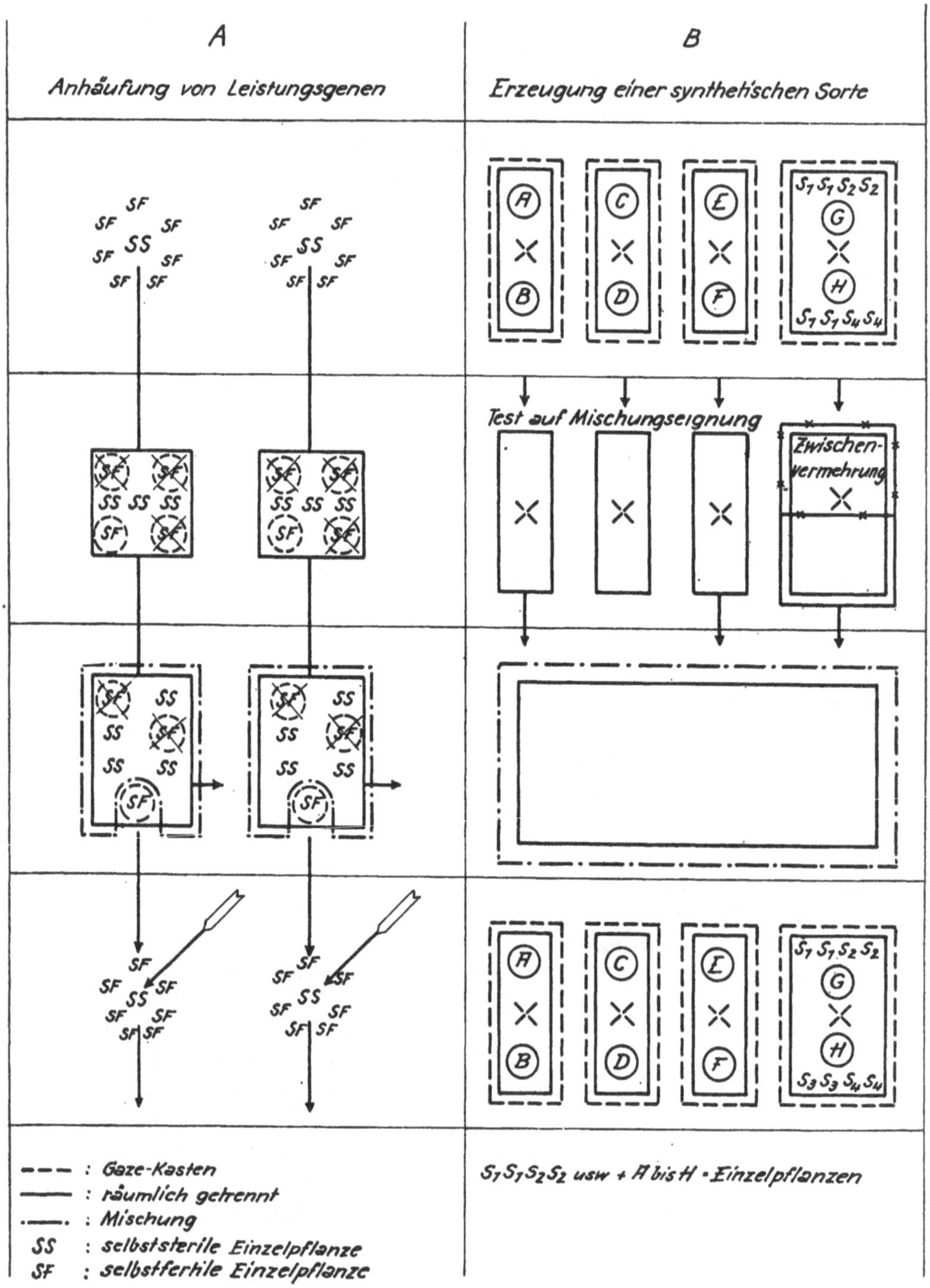
A
Anhäufung von Leistungsgenen
B
Erzeugung einer synthetischen Sorte
Test auf Mischungseignung
Zwischen-vermehrung
S1 S1 S2 S2
S1 S1 S4 S4
S3 S3 S4 S4
– – – : Gaze-Kasten
——— : räumlich getrennt
-·-·- : Mischung
SS : selbststerile Einzelpflanze
SF : selbstfertile Einzelpflanze
S1S1S2S2 usw + A bis H · Einzelpflanzen

Figur 25

führen würden, als zu einer Methode, die entweder vorwiegend die Heterozygotie der Gene verfolgt oder aber die Summierung von Leistungsfaktoren.

In den beigefügten Fig. 25 und 26 ist versucht worden, an 3 Zuchtschemata einige Möglichkeiten der tetraploiden Kleezüchtung zu zeigen.

In der Fig. 25 ist die Möglichkeit einer Anreicherung leistungsfördernder Gene mit Hilfe selbstfertiler Pflanzen dargestellt worden. Bei der züchterischen Bearbeitung Parasteriler ist es relativ schwer, eine größere Anzahl von Leistungsgenen in einem Genotyp homozygot zu vereinen, weil durch die Selbst- und Intersterilität der Pflanzen nur eine milde Inzucht durch Kreuzung von Geschwisterpflanzen angewandt werden kann. Selbst bei der Kreuzung von Geschwistern tritt je nach der Zahl der vorhandenen S-Allele ein mehr oder weniger großer Prozentsatz kreuzungssteriler Paarungen auf (vgl. Parasterilität). Mit Hilfe der Tetraploiden, die „competition"-Pollenklassen zu bilden vermögen, ist es dagegen möglich, von geselbsteten Pflanzen Samen für eine I_1-Nachkommenschaft zu erzielen. In einer solchen I_1-Nachkommenschaft lassen sich Pflanzen finden, die für einige Genorte hinsichtlich ihrer Leistungsgene homozygot sind. Die Einkreuzung von weiteren Leistungsgenen in solche Inzuchtpflanzen wird so zu einer allmählichen Anreicherung dieser Faktoren führen.

Methodisch kann dabei in der Weise vorgegangen werden, daß selbststerile mütterliche mit selbstfertilen väterlichen Pflanzen gekreuzt werden. Die daraus hervorgehenden F_1-Pflanzen werden zu einem mehr oder weniger großen Prozentsatz selbstfertil sein (vgl. Parasterilität). Von den wüchsigsten dieser selbstfertilen Pflanzen wird wieder je eine Nachkommenschaft gezogen, aus der selbstfertile Pflanzen herausgesucht und nochmals um eine sehr wüchsige Selbststerile gepflanzt werden. Außerdem kann eine Anreicherung von Leistungsgenen durch Kreuzung wüchsiger, selbstfertiler I_1-Pflanzen, die aus genetisch verschiedenen Inzuchtpopulationen stammen, erzielt werden. Hierbei ist allerdings die Gefahr des Auftretens von Selbstungen neben den Kreuzungen groß.

Die beschriebene Methode scheint zunächst für die Kleezüchtung recht kompliziert und nicht geeignet zu sein, auch sind die praktischen Erfahrungen noch zu gering. Die in Fig. 25 anfallenden, ingezüchteten, mit Leistungsgenen angereicherten Stämme können aber — unabhängig von dem Ausgang der weiteren Züchtung nach geschilderter Methode — in Verbindung mit anderen Stämmen einen züchterischen Wert besitzen.

Unter B der Fig. 25 ist der Weg eingeschlagen, leistungsfähige F_1-Populationen zu erzeugen, die unter natürlichen Bedingungen getrennt abgeblüht, einen gewissen Anteil kreuzungssteriler Pflanzen liefern. Die Mischung mehrerer derartiger Populationen wird erwartungsgemäß einen höheren Prozentsatz Kreuzungen von Stamm zu Stamm ergeben, so daß auf diese Weise eine leistungsfähige, synthetische Sorte zustandekommen kann. Die Mischungseignung der F_1-Populationen kann durch einen Test z. B. mit Hilfe der „poly-cross"-Methode unter Verwendung der Klonbildung geprüft werden. Außerdem können die aus Schema A vorliegenden Inzuchtstämme auf ihre Mischungseignung getestet und bei günstigem Ausfall der Prüfung mit als Bestandteil in die synthetische Sorte aufgenommen werden. Da aber nach der Mischung der F_1-Stämme bis zur Abgabe des betreffenden Saatgutes an den Verbraucher nicht zu viel Zwischenvermehrungen stattfinden sollen, kann die Frage aufgeworfen werden, ob nicht bei einigen F_1-Stämmen vor ihrer Mischung eine Zwischenvermehrung möglich ist. Die Frage kann positiv beantwortet werden, weil die Inzuchtdepression der Tetraploiden nicht so stark wie die der vergleichbaren Diploiden ist. Außerdem entsteht beim isolierten Abblühen eines tetraploiden F_1-Stammes, dessen Individuen sich nur in 3 S-Allelen unterscheiden (z. B. ♀ $S_1S_1S_2S_2 \times S_1S_1S_4S_4 = F_1$ Individuen), eine F_2- bzw. I_1-Population, deren Pflanzen zum größten Teil auch unter natürlichen Bedingungen kreuzungssteril sind (Voraussetzung ist, daß die 3 S-Allele keine „competition"-Pollenklasse bilden). Dadurch wird nach der Stammmischung die Wahrscheinlichkeit des Vorkommens von Kreuzungen zwischen Pflanzen eines Stammes stark herabgesetzt.

In dem Zuchtschema der Fig. 26 sind 3 genetische Gesichtspunkte als bedeutungsvoll für gute Leistungsfähigkeit einer Population hervorgehoben worden:

1. ein hoher Anteil heterozygoter Genorte,

2. eine ausbalancierte Häufigkeit der Allele unter Berücksichtigung ihres leistungssteigernden Effektes und der für eine Sorte notwendigen ökologischen Streubreite,

3. eine ausbalancierte Häufigkeit der in der Population vorhandenen S-Allele.

Es wurde bereits eingehend erörtert, welche Bedeutung die Heterozygotie und eine ausbalancierte Allelhäufigkeit für die Leistungsfähigkeit einer Population besitzt. Ein bestimmtes Allel-Verhältnis kann durch Einkreuzung neuer S-Allele in eine Population stark gestört werden. So würde sich z. B. das Chromosom mit dem S-Allel S_8 in einer Population stark vermehren, in der nur die S-Allele S_1, S_2, S_3 und S_4 vorhanden sind. Das Wachstum des Pollenschlauches mit den S-Allelen S_8S_8 wird von keiner Pflanze mit den S-Allelen $S_1S_2S_3S_4$ gehemmt. Die Leistung der Population kann dadurch für einige Generationen beeinträchtigt werden.

Methodisch soll im Zuchtschema der Fig. 26 so vorgegangen werden, daß aus einer „Großpopulation" nach der Blüte die Pflanzen herausgelesen werden, die in leistungsmäßiger Hinsicht sehr gut sind, deren Habitus aber nicht einheitlich sein muß. Die Nachkommenschaften von 3 bis 5 solcher wüchsigen Pflanzen, die räumlich am weitesten voneinander getrennt standen, sind reihenweise in einer Parzelle auszupflanzen. Damit soll erreicht werden, daß eine Selektion in der jeweiligen Einzelpflanzennachkommenschaft möglich ist, aber durch die Kreuzungsgelegenheiten innerhalb der 3 bis 5 Einzelpflanzen-

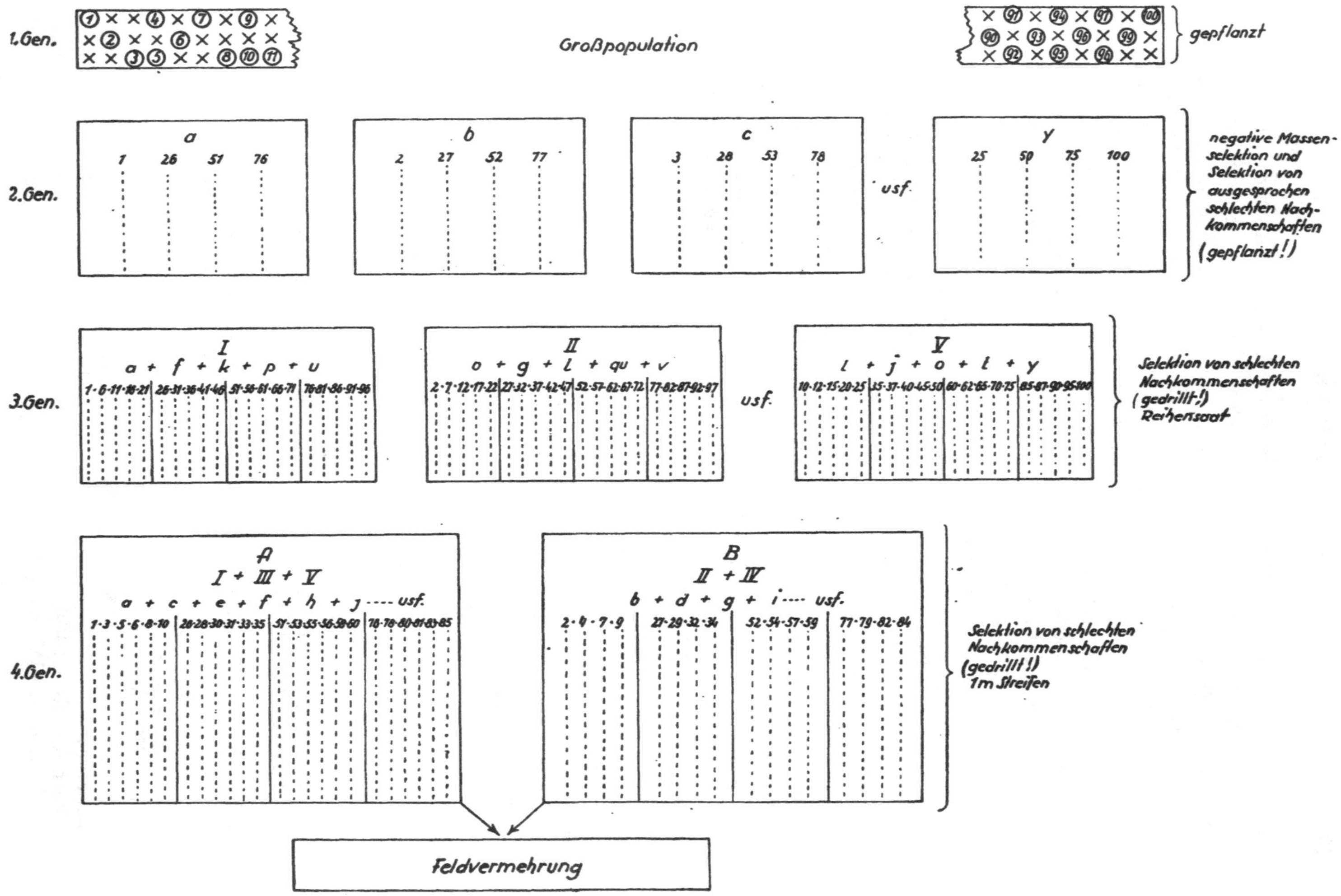
1.Gen.
Großpopulation
gepflanzt
2.Gen.
a
b
c
y
usf.
negative Massenselektion und Selektion von ausgesprochen schlechten Nachkommenschaften (gepflanzt!)
3.Gen.
I
a + f + k + p + u
II
o + g + l + qu + v
V
l + j + o + t + y
usf.
Selektion von schlechten Nachkommenschaften (gedrillt!) Reihensaat
4.Gen.
A
I + III + V
a + c + e + f + h + j ---- usf.
B
II + IV
b + d + g + i ---- usf.
Selektion von schlechten Nachkommenschaften (gedrillt!) 1m Streifen
Feldvermehrung

Figur 26

nachkommenschaften (A-Stämme) eine Inzucht vermieden wird. Darauf werden nochmals 3 bis 5 A-Stämme in größeren Quartieren zur gegenseitigen Bestäubung ausgesät und die leistungsmäßig schlechten Nachkommenschaften ausgeschaltet. Wichtig ist dabei, daß jedes Jahr andere Stämme gemeinsam in einem Quartier abblühen (siehe Zahlentafel). Die aus diesen isoliert abgeblühten Quartieren geernteten Samen werden bei einer Mischung untereinander einen Pflanzenbestand liefern, der von „leistungsschwachen“ Allelen befreit ist. Andererseits ist durch die wiederholte Isolierung und erneute Zusammenführung der Einzelpflanzennachkommenschaften eine gewisse Heterosiswirkung zu erwarten.

In dem Zuchtschema ist angedeutet, daß nur besonders schlechte Einzelpflanzennachkommenschaften vollständig ausgeschieden werden sollen. Es besteht aber auch die Möglichkeit, die erste Selektion mit Hilfe der Restsaatgutmethode vorzunehmen und zwar in der Weise, daß von 500 bis 1000 Einzelpflanzennachkommenschaften die 100 besten in einer kleinen Vorprüfung ermittelt werden. Das Restsaatgut von den 100 leistungsfähigsten Einzelpflanzen kann dann nach Schema (Fig. 26) züchterisch bearbeitet werden. In der Zahlentafel ist z. B. von 100 Einzelpflanzen ausgegangen, die in der nächsten Generation zu 25 Gruppen mit je 4 Einzelpflanzennachkommenschaften zusammengefaßt sind. In der 3. Generation sind die 25 Gruppen wieder zu Abteilungen zusammengefaßt u. s. f..

Zahlentafel

1. Generation Pflanzen von 1—100

2. Generation

Gruppe a = (Nr. 1+26+51+76)	Gruppe n = (Nr. 14+39+64+ 89)
Gruppe b = (Nr. 2+27+52+77)	Gruppe o = (Nr. 15+40+65+ 90)
Gruppe c = (Nr. 3+28+53+78)	Gruppe p = (Nr. 16+41+66+ 91)
Gruppe d = (Nr. 4+29+54+79)	Gruppe q = (Nr. 17+42+67+ 92)
Gruppe e = (Nr. 5+30+55+80)	Gruppe r = (Nr. 18+43+68+ 93)
Gruppe f = (Nr. 6+31+56+81)	Gruppe s = (Nr. 19+44+69+ 94)
Gruppe g = (Nr. 7+32+57+82)	Gruppe t = (Nr. 20+45+70+ 95)
Gruppe h = (Nr. 8+33+58+83)	Gruppe u = (Nr. 21+46+71+ 96)
Gruppe i = (Nr. 9+34+59+84)	Gruppe v = (Nr. 22+47+72+ 97)
Gruppe j = (Nr. 10+35+60+85)	Gruppe w = (Nr. 23+48+73+ 98)
Gruppe k = (Nr. 11+36+61+86)	Gruppe x = (Nr. 24+49+74+ 99)
Gruppe l = (Nr. 12+37+62+87)	Gruppe y = (Nr. 25+50+75+100)
Gruppe m = (Nr. 13+38+63+88)	

3. Generation

Abteilung I = (a+f+k+p+u)	(1, 6, 11, 18, 21, 26, 31, 36, 43, 46) (51, 56, 61, 68, 71, 76, 81, 86, 93, 96)
II = (b+g+l+q+v)	(2, 7, 12, 17, 22, u. s. f.)
III = (c+h+m+r+w)	
IV = (d+i+n+s+x)	
V = (e+j+o+t+y)	(5, 10, 15, 20, 25, u. s. f.)

4. Generation

Sektion A = (I+III+V)

B = (II+IV)

Die Vernachlässigung der Heterozygotie hat in der praktischen Kleezüchtung bisher immer zu Fehlschlägen geführt, weil die allgemeinen Evolutionsvorgänge — wie bereits früher an einigen Beispielen ausgeführt — nicht berücksichtigt worden sind. Diese Forderung der Heterozygotie hat aber nicht nur für den Klee eine Berechtigung, sondern trifft für alle weiteren fremdbefruchtenden Pflanzenarten zu. Der Anteil der züchterisch zu berücksichtigenden Leistungsfaktoren wird allerdings bei bestimmten Pflanzenarten stärker in den Vordergrund treten, so daß die Heterozygotie bei oberflächlicher Betrachtung nicht wichtig für die Leistungsbildung der zu züchtenden Sorte erscheinen mag. Wird aber nach einer oberflächlichen Betrachtung die Zuchtmethode entsprechend aufgebaut, geht dem Zuchtmaterial die Heterozygotie und damit auch die Möglichkeit zu voller Leistungsentfaltung verloren. Die allgemein sehr schlechte Fertilität der Tetraploiden kann durch die Höhe der Heterozygotie gleichfalls wesentlich beeinflußt werden. Neben eigenen Beobachtungen an Kreuzungsprodukten von 4n-*Antirrhinum*-Mutanten konnten an artifiziell-tetraploidem Reis von OKA (1955) durch gesteigerte Heterozygotie die Fertilitätsverhältnisse wesentlich verbessert werden. Zweifellos wirkt die durch den Menschen betriebene Selektion fertilitätssteigernd auf die Pflanzen innerhalb einer Population ein, es muß aber berücksichtigt werden, daß auch unter einzelnen fertilen Pflanzen eine Heterozygotie erhalten bleiben muß.

Verschiedene Umweltbedingungen können selbst an einem fertilen Genotyp schon sehr große Fertilitätsunterschiede hervorrufen. Es ist beispielsweise wiederholt beobachtet worden, daß der Tetra-Roggen unter extremen, der Blüte weniger zusagenden Witterungsbedingungen eine stärkere Fertilitätsdepression erfährt als diploider. Die Auslese auf fertilere Typen darf daher nicht einseitig erfolgen. Auch für die selbstfertilen Arten gilt das Gesagte, nur besteht da die große Schwierigkeit, daß durch die naturbedingte Selbstung die fertilitätsverbessernde Heterozygotie nicht zu der Entfaltung kommen kann wie natürlicherweise bei den Fremdbefruchtern. Dies mag auch mit ein Grund sein, weshalb junge tetraploide, selbstfertile Arten hinsichtlich ihrer Fertilität im allgemeinen besonders schlecht sind.

Die Ertrags- und Fertilitätsverbesserung artifiziell-tetraploider Selbstbefruchter gestaltet sich prinzipiell nicht anders als die der Fremdbefruchter. Bei ersteren sind die züchtungsmethodischen Maßnahmen zunächst hauptsächlich auf die Kombination von Leistungsfaktoren abgestimmt, die eigentliche züchterische „Kunst" setzt dann ein, wenn es gilt, den Populationscharakter einer Sorte herzustellen. Entsprechend den Wünschen der Sortenzulassungsbestimmungen soll eine Sorte einheitlichen Charakter besitzen, sie soll aber andererseits — und das müßte den Ausschlag für die Zulassung der Sorte geben — nach den in der vorliegenden Arbeit aufgeworfenen Problemen ein Genotypengemisch sein, das durch das Zusammenleben in einer Population eine höhere Leistungsfähigkeit unter den verschiedensten Umweltbedingungen hervorruft.

ZUSAMMENFASSUNG

Die vorliegende Arbeit wurde in 3 Teile gegliedert. Im ersten Teil sind die genetischen Besonderheiten tetraploider Formen herausgearbeitet worden, während der zweite der Besprechung des Verhaltens natürlicher und artifizieller Polyploider im Evolutionsgeschehen galt und der 3. speziell züchterischen Problemen des artifiziellen, tetraploiden Klees.

1. Die Zahlenverhältnisse normaler di- und tetraploider Spaltungen und deren Abweichungen wurden verglichen. Es zeigte sich, daß Chromatidenspaltung und Gameten mit einem überzähligen oder fehlenden Chromosom Abweichungen vom theoretisch zu erwartenden Spaltungsverhältnis verursachen können. Durch das Auftreten starker Abweichungen konnte auch geklärt werden, warum einige natürliche Autopolyploide bisher als Di- bzw. Allopolyploide angesehen wurden.
2. Beruht das Zustandekommen von leistungsfördernden Eigenschaften bei Tetraploiden auf der gemeinsamen Wirkung mehrerer unselbständiger Gene, so ist kein wesentlicher Unterschied mehr zwischen der Streuung eines homozygoten Genotyps und der einer Spaltungspopulation festzustellen.
3. Durch Berechnungen und genetische Experimente wurde geprüft, welche durchschnittliche Leistungsfähigkeit eine Population erreicht, wenn dominante Gene oder deren Heterozygotie eine wuchsfördernde Wirkung verursachen.
4. Neu aufgetretene rezessive Mutationen sind phänotypisch allgemein in diploiden Populationen schneller sichtbar als in tetraploiden. Die Geschwindigkeit, mit der z. T. unerwünschte Mutanten eliminiert werden können, ist berechnet worden.
5. In großen, frei spaltenden diploiden und tetraploiden Populationen, die sich hinsichtlich der phänotypischen Äußerung bestimmter Allele nicht unterscheiden, liegt nach den von uns durchgeführten Berechnungen eine unterschiedliche Allelhäufigkeit vor. Eine Methode, die es ermöglicht, anhand der Allelhäufigkeit Aussagen über die Leistungsfähigkeit einiger Genotypen zu machen, wurde vorgeschlagen.
6. Zur Bestimmung der Verwandtschafts- und Inzuchtkoeffizienten können bei Tetraploiden nicht die gleichen Methoden angewandt werden wie bei Diploiden.

7. Die Vererbung des Geschlechts, insbesondere das des Spinats wurde anhand von Literaturangaben und eigenen Beobachtungen bei Di- und vergleichbaren Tetraploiden besprochen.
8. Die gametophytisch und sporophytisch kontrollierten Fertilitätsverhältnisse erfahren hinsichtlich der zu erwartenden Spaltungszahlen durch die Tetraploidie tiefgreifende Veränderungen. Die z. T. aus eigenen Untersuchungen gewonnenen Spaltungsverhältnisse zeigen, daß sie auch im Hinblick auf die praktische Züchtungsarbeit Bedeutung besitzen. So besteht beispielsweise die Möglichkeit, hochprozentig kreuzungssterile bzw. selbstfertile Stämme zu züchten.
9. Es ist gezeigt worden, daß der prozentuale Anstieg polyploider Formen unter extremeren Wachstumsbedingungen nicht zu der Annahme berechtigt, die Tetraploiden hätten gegenüber den Diploiden ganz allgemein einen Selektionsvorteil.
10. Nach den in dieser Arbeit vorliegenden Ergebnissen hat die Tetraploidie nur dann einen Selektionsvorteil für die Spezies oder Subspezies, wenn die Umweltverhältnisse, in denen die Formen leben, so sind, daß sich die auf tetraploider Basis anders ablaufenden Vererbungsprozesse auch vorteilhaft für sie auswirken. Die Polyploidie an sich besitzt demnach keine evolutionistische und züchterische Bedeutung. Erst auf Grund einiger Besonderheiten genetischer und evolutionistischer Art kann die Polyploidie in bestimmten Fällen eine Bedeutung — auch hinsichtlich der züchterischen Bearbeitung — erlangen. Diese Bedeutung ist anhand zahlreicher Beispiele mit Hilfe von Berechnungen, Untersuchungen und Beobachtungen in vorliegender Arbeit dargelegt worden.
11. Bei der Besprechung der züchterischen Probleme des tetraploiden Klees wurde besonderer Wert auf methodische Möglichkeiten zur Erhaltung einer ausreichenden Heterozygotie der Einzelpflanzen in einer Population gelegt. Außerdem sollte gezeigt werden, auf welche Weise relativ schnell eine Anreicherung von Leistungsgenen in einer Population erzielt werden kann.

SUMMARY

The three parts of this investigation are concerned with (1) the genetic particularities of tetraploid forms, (2) the reaction of natural and artificial polyploids in the process of evolution, and (3) special problems of growing artificial tetraploid clover.

1. The numerical proportions of normal di- and tetraploid segregations and their variations are compared. It is demonstrated that the segregation of chromatides and gametes with one supernumerary or missing chromosome may cause variations from the proportion of segregation expected theoretically. The problem why some natural autopolyploids so far have been thought to be diploids and allopolyploids respectively could be solved by the occurence of considerable variations.
2. There is no essential difference between the dispersion of a genotype and that of a segregation-population to be made out, if the formation of properties favourable to the development of tetraploids is due to the joint action of several dependent genes.
3. The average productivity to be reached by a population, if dominant genes or their heterozygoty cause an effect favourable to growth, has been investigated by calculations and genetic experiments.
4. Generally, recessive mutations newly sprung into existence are phenotypically visible in diploid populations earlier than in tetraploid ones. The speed with which partly unwelcome mutants can be eliminated has been calculated.
5. According to our calculations there is a different frequency of alleles in large panmictic diploid and tetraploid populations that do not differ as to the phenotypic manifestation of certain alleles. A method enabling statements about the productivity of some genotypes to be made by means of the frequency of alleles is suggested.
6. The coefficients of relationship and inbreeding of tetraploids and diploids cannot be evaluated by the same method.
7. The transmission of sex — especially that of spinach — is discussed by means of bibliography and observations of my own on diploids and comparable tetraploids.

8. Gametophytically and sporophytically controlled ratios of fertility are considerably changed with regard to the numbers of segregation to be expected by tetraploidy. The ratios of segregation — partly resulting from research of my own — are demontrated to be of importance for practical growing. Thus it is possible, for instance, to grow stems of high-grade incompatibility or self-fertility.
9. The percentage of increase of polyploid forms under more extreme conditions of growth does not justify the assumption that tetraploids in general offer any advantage regarding selection when compared to diploids.
10. According to the results of this investigation tetraploidy affords an advantage regarding selection for the species or sub-species only, if the conditions of the milieu in which the forms live are such that the hereditary processes taking a different course on a tetraploid basis have a favourable result for them, too. Polyploidy in itself, consequently, is not of any importance with regard to evolution and growing. Only because of some genetic and evolutionistic particularities can polyploidy become important in certain cases, also with regard to growing. This importance is demonstrated by numerous examples, calculations, investigations, and observations.
11. In discussing the problems of growing tetraploid clover great value has been set on the methodical possibilities of preserving sufficient heterozygoty of the single plants in a population. Furthermore, a way of accumulating productivity-genes in a population rather speedily is suggested.

РЕЗЮМЗ

Настоящая работа была разделена на три части. В первой части разработаны генетические особенности тетраплоидных форм, в то время как вторая часть служила обсуждению поведения естественных и искусственных (артифициальных) полиплоидов в процессе эволюции и третья специальным проблемам по разведению искусственного (артифициального), тетраплоидного клевера.

1. Отношения чисел нормальных ди — и тетраплоидных раздвоений и их отклонения были сравнены. Оказалось, что раздвоение хроматидов и гаметы с линним или недостающим хромозомом могут вызвать отклонения от теоретически ожидаемого отношения раздвоения. Появлением значительных отклонений можно было выяснить, почему некоторые естественные автополиплоиды до сих пор были рассмотрены как ди- или аллополиплоиды.
2. Если осуществление способствующих производительность свойств у тетраплоидов основывается на совместнов действии некоторых несамостоятельных генов, то уже нельзя установить значительную разницу между рассеиванием генотипа и рассеиванием популяции раздвоения.
3. Вычислениями и генетическими опытами было проверено, какую среднюю производительность достигает популяция, когда доминантные гены или их гетерозиготность вызывают способствующее росту действие.
4. Вновь появляющиеся рецессивные мутации в общем в диплоидных популяциях фэнотипично скорее видны, чем в тетраплоидных. Скорость, с которой отчасти нежелательные мутанты могут быть исключены, вычислена.
5. В крупных, свободно раздваивающих диплоидных и тетраплоидных популяциях, которые не отличаются фэнотипическим выражением определенных аллелей, по проведенными нами вычислениями имеется различная частота аллелей. Был предложен метод, позволяющий по частоте аллелей сделать показания о производительности некоторых генотипов.
6. Для определения родственных коэффициентов и коэффициентов спаривания одной и той же породы у тетраплоидов не могут быть применены те же методы, как у диплоидов.
7. Было обсуждено унаследование пола, в специальности шпината, на основании литературных данных и собственных наблюдений у ди- и сравниваемых тетраплоидов.
8. Гаметофитные и спорофитные контролированные отношения плодовитости испытывают по отношению ожидаемых чисел раздвоений тетраплоидностью глубокоидущие изменения. Отчасти из собственных

исследований полученные отношения раздвоений показывают, что они и ввиду практической работы по разведению имеют значение. Так например имеется возможность развести высокопроцентно стерильные по отношению к скрещиванию или самофертильные штаммы.

9. Показано, что процентуальное повышение полиплоидных форм под более крайними условиями роста не дают права предположить, будто тетраплоиды имели по отношению к диплоидам в общем селекционное преимущество.
10. По имеющимся в этой работе данным тетраплоидность имеет только тогда преимущество для вида или разновидности, когда условия окружающей среды, в которой формы живут, таковы, что на тетраплоидной базе иначе протекающие процессы унаследования выгодно отражаются на них. Полиплоидность сама по себе таким образом не имеет значения относительно эволюции или разведения. Только на основании некоторых особенностей генетики и эволюции полиплоидность в определенных случаях может достигнуть значения, также и в области разведения. Это значение изложено в этой работе на основании многочисленных примеров с помощью вычислений, исследований и наблюдений.
11. При обсуждении проблем по разведению тетраплоидного клевера, было особое значение обращено на методические возможности для сохранения достаточной гетерозиготности отдельных растений в популяции. Кроме того надо было показать, каким образом относительно скоро может быть достигнуто обогащение производительных генов в популяции.

LITERATURVERZEICHNIS

ALEXANDER, D. E.: The genetic induction of Autotetraploidy: A proposal for its use in corn breeding. Agronomy J. **49**, 40 (1957).

ASHBY, E.: Heterosis and the inheritance of quantitative characters. Proc. Roy. Soc. London S. B. Nr. 833, 123 (1937). Zitiert nach SCHEIBE, A.: Allgemeine Pflanzenzüchtung, Stuttgart (1951).

BATESON, W. und R. P. GREGORY: On the inheritance of heterostylism in Primula. Proc. Roy. Soc. London S. B. Nr. **76**, 581 (1905).

BAUR, E.: Einführung in die Vererbungslehre. Verl. Borntraeger, Berlin (1930).

BECKER, G.: Problematik der Pflanzenzüchtung (Vortrag) 3. Hochschultagung d. Landw. Fakultät der Universität Rostock (1954).

BEMIS, W. P. und G. B. WILSON: A new hypothesis explaining the genetics of sex determination. J. Heredity **44**, 91 (1953).

BLAKESLEE, A. F. und A. G. AVERY: Methods of inducing doubling of chromosome in plants. J. Heredity **28**, 393 (1937).

BRAUN, H.: Variationsstatistische Untersuchungen zur Frage der Vererbung von Krebs- und Schorfresistenz der Kartoffel. Z. Vererbungsl. **75**, 55, (1938).

BREWBAKER, J. L.: Incompatibility in autotetraploid white clover. II. Dominance and double reduction. Genetics **40**, 137 (1955).

BREWBAKER, J. L.: Studies of oppositional allelism in *Trifolium nigrescens*. Hereditas **41**, 367 (1955).

BRIEGER, F. G.: Populationsgenetik. In Handbuch der Pflanzenzüchtung, Bd. I. 2. Aufl., 176. Berlin u. Hamburg 1958.

BRIX, K. und F. QUADT: Experimentell genetische Untersuchungen über die Natur einer natürlichen Polyploiden (*Dactylis glomerata*). Z. Pflanzenzücht. **32**, 407 (1953).

BRIX, K.: Quantitative Untersuchungen an chlorophylldefekten und normalen diploiden und tetraploiden Pflanzen. Der Züchter **25**, 246 (1955).

CRANE, M. B. und W. J. C. LAWRENCE: Sterility and incompatibility in diploid and polyploid fruits. J. Genetics **24**, 97 (1931).

CRANE, M. B. und P. T. THOMAS: Genetical studies in pears. I. The origin and behavior of a new giant form. J. Genetics **37**, 287 (1939).

DARLINGTON, C. D.: Chromosomenbotanik. Deutsche Übersetzung von F. BRABEC. Georg Thieme Verlag, Stuttgart (1957).

DARWIN, C.: On the origin of species by means of natural selection, London (1866).

DEKAPRILEWITSCH, L. L. und M. A. SICHARULIDSE: Untersuchungen künstlicher Weizengemenge (russ.). Agrobiologie Heft 2, 3 (1953).

DOBZHANSKY, TH.: Genetics of natural populations. XIX. Origin of heterosis through natural selection in populations of *Drosophila pseudoobscura*. Genetics **35**, 288 (1950).

DOBZHANSKY, TH.: Nature and origin of heterosis. Siehe Gowen Heterosis S. 218 Iowa State College Press (1952).

DOWRICK, V. P. J.: Heterostyly and homostyly in *Primula obconica*. Heredity **10**, 219 (1956).
DUVICK, D. N.: Allelism and comparative genetics of fertility restoration of cytoplasmically pollen sterile maize. Genetics **41**, 544 (1956). [Ref. Z. Pflanzenzücht. 38, 91 (1957)].
EAST, E. M. und A. J. MANGELSDORF: A new interpretation of the hederitary behavior of the self sterile plants. Proc. Nat. Acad. Sci. **11**, 166—171 (1925).
ESSER, K.: Genomverdopplung und Pollenschlauchwachstum bei Heterostylen. Z. Vererbungsl. 85, 28 (1953).
FOCKE, R.: Ein Beitrag zur Prüfung verschiedener Eigenschaften vergleichbarer di- und tetraploider Antirrhinum-Spaltungspopulationen. Antirrhinum-Forschungsber. Nr. 2, 7 (1957).
FROLOVA, S. L., V. V. SACHAROV und V. V. MANSUROVA: Cytological basis of high fertility in autotetraploid buckwheat. Homostyly of flowers of buckwheat as a morphological manifestation of sterility. Nature (London) **158**, 520 (1946).
FRUHWIRTH, C.: Getreidemischsaaten. Dtsch. landwirtsch. Presse S. 277 (1923).
GÄUMANN, E.: Pflanzliche Infektionslehre. Verlag Birkhäuser Basel (1951).
GERSTEL, D. U.: Self-incompatibility studies in Guayule II. Inheritance. Genetics **35**, 482 (1950).
GLUSTSCHENKO, I. J.: Die vegetative Hybridisation von Pflanzen. Moskau, dtsch. Berlin (1950).
GOWEN, J. W.: Heterosis. Iowa State College Press Ames-Iowa (1952).
GUSTAFSSON, A.: Mutations, environment and evolution. Symp. Quant. Biol. 16, 263 Cold Spring Harbor (1952).
GUSTAFSSON, A.: Polyploidy, life-form and vegetative reproduction. Hereditas **34**, 1 (1948).
GUSTAFSSON, A.: The cooperation of genotypes in barley. Hereditas **39**, 1 (1953).
GUSTAFSSON, A. und D. von WETTSTEIN: Mutationen und Mutationszüchtung Handbuch d. Pflanzenzüchtung, Bd. I, 2. Aufl. S. 682. Berlin u. Hamburg 1958.
GYÖRFFY, B.: Untersuchungen über den osmotischen Wert polyploider Pflanzen. Planta **32**, 15 (1941).
HAGBERG, A.: Further studies on and discussion of the Heterosis Phenomenon. Hereditas **39**, 349 (1953).
HALDANE, J. B. S.: Theoretical genetics of Autopolyploids. J. Genetics **22**, 359 (1930).
HAWKES, J. G.: Potato Collecting Expeditions in Mexico and South America. II. Systematic Classification of the Collections. Imperial Bureau of Plant Breeding and Genetics. Cambridge (1944).
HIORTH, G.: Eine Serie multipler Allele für Blütenzeichnungen bei *Godetia amoena*. Hereditas **26**, 441 (1940).
HORN, W.: Untersuchungen über die cytologischen und genetischen Verhältnisse beim Gartenstiefmütterchen *Viola tricolor maxima hort.* (= *wittrockiana* Gams), einer polyploiden Bastardart. Der Züchter **26**, 193 (1956).
JANICK, J. und E. C. STEVENSON: Genetics of the monoecious character in spinach. Genetics **40**, 429 (1955).
JANICK, J. und E. C. STEVENSON: The effects of polyploidy on the expression in spinach. J. Heredity **46**, 151 (1955).
JONES, D. F.: Dominance of linked factors as a means of accounting for heterosis. Genetics **2**, 466 (1917).
JONES, D. F.: Gene action in Heterosis. Genetics **42**, 93 (1957).
KAPPERT, H.: Die vererbungswissenschaftlichen Grundlagen der Pflanzenzüchtung. Verlag P. Parey, Berlin und Hamburg (1948).

KAPPERT, H.: Heterosis und Inzuchtfragen. Der Züchter **2**, 358 (1930).
KAPPERT, H.: Die Bestimmung der notwendigen Populationsgrößen bei genetischen und züchterischen Arbeiten. Z. Pflanzenzücht. **37**, 329 (1957).
KEEBLE, F. und PELLEW, C.: The mode of inheritance of stature and of time of flowering in peas (*Pisum sativum*). J. Genetics **1**, 47 (1910).
KEMPTHORNE, O.: The correlation between relatives in a simple autotetraploid population. Genetics **40**, 168 (1955).
KLOEN, D. und G. J. SPECKMANN: The creation of tetraploid beets. Euphytica **2**, 187 (1953).
KLOEN, D. und G. J. SPECKMANN: The creation of tetraploid beets. II. Selection in the first generation (the C_1) from the treated material. Euphytica **3**, 35 (1954).
KLOEN, D. und G. J. SPECKMANN: The creation of tetraploid beets. III. Cytological cheking in the second generation (the C_2) of the treated material. Euphytica **3**, 154 (1954).
KNAPP, R.: Über Zusammenhänge zwischen Polyploidie, Verbreitung, systematischer und soziologischer Stellung von Pflanzenarten in Mitteleuropa. Z. Vererbungsl. **85**, 163 (1953).
KRÜGER, U.: Die Wirkung einer Bestäubungsbeschränkung beim Roggen und ihre Erklärung. Der Züchter **17/18**, 146 (1947).
KUSMIN, A. R. und H. P. SCHUWASCHINA: Über Werte polyploider Pflanzen für die Landwirtschaft (russ.). Botanische Zeitschrift Bd. XI, 844 (1955).
LEHMANN, E. und M. SCHMITZ-LOHNER: Entwicklung und Polyploidie in der *Veronica*-Gruppe *Agrestis*. Z. Vererbungsl. **86**, 1 (1954).
LEWIS, D.: Comparative incompatibility in Angiosperms and Fungi. Advances in Genetics **6**, 435 (1954).
LEWIS, D. und J. MODLIBOWSKA: Genetical studies in pears. IV. Pollentube growth and incompatibility. J. Genetics **43**, 211 (1942).
LUNDEN (1937): Ausführliches Referat bei SWAMINATHAN M. S. und H. W. HOWARD: Biographia Genetica XVI. Nr. 1—2 (1953).
LUNDQVIST, A.: Inbreeding in autotetraploid rye. Hereditas **39**, 19 (1953).
MAKUS, A.: Aus der Arbeit der schwedischen Futterpflanzenzüchtung. Z. Pflanzenzücht. **35**, 98 (1955).
MATHER, K.: Biometrical Genetics, London: Methuen (1949).
MATHER, K.: Segregation and linkage in Autotetraploids. J. Genetics **32**, 287 (1936).
MATHER, K.: The genetical architecture of heterostyly in *Primula sinensis*. Evolution (Lancaster. Pa.) **4**, 340 (1950).
MELCHERS, G.: Die Ursachen der besseren Anpassungsfähigkeit der Polyploiden. Z. Naturforsch. **1**, 160 (1946).
MELCHERS, G.: Genetik und Evolution (Bericht eines Botanikers). Z. Vererbungsl. **76**, 229 (1939).
MULLER, H. J.: A new mode of segregation in Gregory's tetraploid „Primulas". Amer. Nat. **48**. 508—12 (1914).
MÜNTZING, A.: Cytogenetic proporties and practical value of tetraploid rye. Hereditas **37**, 17 (1951).
MÜNTZING, A.: The evolutionary significance of Autopolyploidie. Hereditas **21**, 263 (1936).
MÜNTZING, A.: Hybrid vigour in crosses between pure lines of *Galeopsis* Tetrahit. Hereditas **31**, 391 (1945).
NACHTSHEIM, H.: Die Genetik als Brückenwissenschaft. Naturwiss. Rdsch. **8**, 301 (1955).
NILSSON, H.: Eine Prüfung der Wege und Theorien der Inzucht. Hereditas **23**, 236 (1937).
NILSSON, H.: Synthetische Artbildung. Verlag Gleerup Lund (1953).

OKA, H.: Studies on Tetraploid Rice. Cytologia **20**, 258 (1955).

PANDEY, K. K.: Mutations of self-incompatibility alleles in *Trifolium pratense* and *T. repens*. Genetics **41**, 327 (1956).

PANDEY, K. K.: Incompatibility in autotetraploid *Trifolium pratense*. Genetics **41**, 353 (1956).

PIRSCHLE, K.: Resistenzversuche mit polyploiden Pflanzen. Naturwissenschaften **29**, 338 (1941).

PIRSCHLE, K.: Stickstoff- und Eiweißanalysen an autotetraploiden Pflanzen. Planta **32**, 517 (1941).

PIRSCHLE, K.: Quantitative Untersuchungen über Wachstum und „Ertrag" autopolyploider Pflanzen. Z. Vererbungsl. **80**, 126 (1942).

PIRSCHLE, K.: Wasserkulturversuche mit polyploiden Pflanzen I. *Stellaria media*. Biol. Zbl. **62**, 253 (1942).

PLARRE, W.: Vergleichende Untersuchungen an diploiden und tetraploiden Roggen (*Secale cereale* L.) unter besonderer Berücksichtigung von Inzuchterscheinungen und Fertilitätsstörungen. Z. Pflanzenzücht. **33**, 303 (1954).

QUADT, F.: Beobachtungen an den Nachkommen tetraploider Tomatenbastarde. Der Züchter **25**, 241 (1955).

RANDOLPH, L. F.: An evaluation of induced polyploidy as a method of breeding crop plants. Amer. Naturalist **75**, 347 (1941).

RASMUSSON, J.: Autotetraploid sugar beets. Vitality changes in subsequent generations. Hereditas **39**, 257 (1953).

ROEMER, TH. und W. RUDORF: Grundlagen der Pflanzenzüchtung. Handbuch der Pflanzenzüchtung. Parey (1941/43).

SAKAI, K. und K. GOTOH: Studies on Competition in Plants. J. Heredity **46**, 139 (1955).

SANSOME, F. W.: Chromatid segregation in *Solanum Lycopersicum*. J. Genetics **27**, 105 (1933).

SAVITSKY, H.: Obtaining tetraploid monogerm selffertile, selfsterile und male sterile beets. Proc. Amer. Soc. Sugar Beet Techn. **7**, 470 (1952). Ref. Landwirtsch. Zbl. Abt. II 8, 1354 (1957).

SCHLIEPHACKE: Der Mischfruchtbau, ein Mittel zur Steigerung der Bodenerträge. Dtsch. landwirtsch. Presse S. 457 (1921).

SCHWANITZ, F.: Die Zellgröße als Grundelement in Phylogenese und Ontogenese. Der Züchter **23**, 17 (1953).

SCHWANITZ, F.: Weitere Beiträge zur Sexualität polyploider Pflanzen. Der Züchter **20**, 336 (1950).

SEDLMAYR, K.: The use of heterosis in breeding *Beta vulgaris*. Acta Agronomica **5**, 285 (1956).

SEYFFERT, W.: Untersuchungen über interallele Wechselwirkungen. Z. Vererbungsl. **88**, 56 (1957).

SHULL, G. H.: Beginnings of the Heterosis Concept. Siehe Gowen Heterosis (1952). Iowa State College Press Ames-Iowa (1952).

SHULL, G. H.: Duplicate genes for capsule form in *Bursa bursa-pastoris*. Z. Vererbungsl. **12**, 97 (1914).

SHULL, G. H.: What is „Heterosis"? Genetics **33**, 439 (1948).

SKIEBE, K.: Artbastardierung und Polyploidie in der Gattung *Cheiranthus* L. Der Züchter **26**, 353 (1956).

SRB, A. M. und R. D. OWEN: General Genetics. San Francisco California (1952).

STEBBINS, G. L.: Variation and Evolution in Plants. Columbia University Press New York (1950).

STOUT, A. B. und C. CHANDLER: Change from self-incompatibility to self-compatibility accompanying change from diploid to tetraploid. Science **94**, 118 (1941).

STOUT, A. B. und C. CHANDLER: Hereditary transmission of induced tetraploid and compatibility in fertilisation. Science **96**, 257 (1942).

STRASSBURGER, E.: Über fremdartige Bestäubungen. Jb. Bot. **17**, 50 (1886).

STRAUB, J.: Die Beseitigung der Selbststerilität durch Polyploidisierung. Ber. dtsch. bot. Ges. **59**, 298 (1941).

STRAUB, J.: Ergebnisse und Probleme der Polyploidieforschung. Forschungsdienst **12**, 318 (1941).

STRAUB, J.: Neue Ergebnisse der Selbstfertilitätsforschung. Naturwissenschaften **35**, 23 (1948).

STRAUB, J.: Zur Entwicklungsphysiologie der Selbststerilität von Petunia. II. Das Prinzip des Hemmechanismus. Z. Naturforsch. **2**, 433 (1947).

STUBBE, H.: Über die Umwandlung von Winterweizen in Sommerweizen. Der Züchter **25**, 231 (1955).

STUBBE, H.: Über mono- und digen bedingte Heterosis bei *Antirrhinum majus* L. Z. Vererbungsl. **85**, 450 (1953).

STUBBE, H. und K. PIRSCHLE: Über einen monogen bedingten Fall von Heterosis bei *Antirrhinum* majus. Ber. dtsch. bot. Ges. **58**, 546 (1940).

SUNESON, C. A.: An evolutionary plant breeding method. Agronomy J. **48**, 188 (1956).

SWAMINATHAN, M. S. und H. W. HOWARD: Bibliographia Genetica XVI. Nr. 1—2 (1953).

TISCHLER, G.: Der Grad der Polyploidie bei den Angiospermen in verschiedenen Großarealen. Cytologia **20**, 101 (1955).

TOXOPEUS, H. J. und C. A. HUIJSMAN: Breeding for resistance to potato root eelworm. Euphytica **2**, 180 (1953).

WESTERGAARD, M.: Über den Mechanismus der Geschlechtsbestimmung bei *Melandrium album.* Naturwissenschaften **40**, 253 (1953).

WEXELSEN, H.: Studies of fertility, inbreeding, and Heterosis in red clover (*Trifolium pratense* L.) Skrifter utgitt av Det Norske Videnskaps-Akademi i Oslo I. Mat.-Naturv. Klasse. 1945, Nr. I.

WILLIAMS, R. D.: Heterosis in Red Clover. Effect of Inbreeding in F_2 and F_3 Populations. The Welsh J. of Agr. **13**, 177 (1937).

WINKLER, H.: Über die experimentelle Erzeugung von Pflanzen mit abweichenden Chromosomenzahlen. Z. Bot. **8**, 417 (1916).

WINTON, D. DE und J. B. S. HALDANE: Linkage in the tetraploid *Primula sinensis.* J. Genetics **24**, 121 (1931).

WRICKE, G.: Ein Fall von Superdominanz bei einer experimentell hergestellten Autotetraploiden von Arabidopsis thaliana. Z. Vererbungsl. **87**, 47 (1955).

ZOSCHKE, U.: Untersuchungen über die Bestimmung des Geschlechts beim Spinat (*Spinacia oleracea* L.) unter besonderer Berücksichtigung der Züchtung eines monözischen oder gleichzeitig schossenden Spinates. Z. Pflanzenzücht. **35**, 257 (1956).

FSC
www.fsc.org
MIX
Papier | Fördert gute Waldnutzung
FSC® C083411

Kolibri 360 GmbH
Ferdinand-Jühlke-Straße 7
99095 Erfurt, Deutschland
produktsicherheit@kolibri360.de